本书是国家社会科学基金资助项目"中国环境治理中的政府责任和公众参与机制研究"（批准号：15BGL146）、广东省发展和改革委广东低碳发展专项资助项目"广东碳排放权交易体制机制设计研究"、广东省委宣传部2014理论粤军专项资金资助项目"广东省生态文明协同创新重点研究基地"的阶段性研究成果。

资源环境产权交易丛书　　　　赵细康　主编

资源环境产权交易：
理论基础和前沿问题

曾云敏　赵细康　著

U0391414

中国出版集团

世界图书出版公司

广州·上海·西安·北京

图书在版编目（ＣＩＰ）数据

资源环境产权交易：理论基础和前沿问题 / 曾云敏, 赵细康著. —广州：世界图书出版广东有限公司，2016.4

　　ISBN　978-7-5192-1236-0

　　Ⅰ.①资… Ⅱ.①曾… ②赵… Ⅲ.①环境资源 – 产权转让 – 研究 Ⅳ.①X196

中国版本图书馆 CIP 数据核字（2016）第 084560 号

资源环境产权交易：理论基础和前沿问题

责任编辑	吕贤谷
封面设计	高艳秋
出版发行	世界图书出版广东有限公司
地　　址	广州市新港西路大江冲 25 号
印　　刷	虎彩印艺股份有限公司
规　　格	880mm × 1230mm　1/32
印　　张	7.8125
字　　数	184 千字
版　　次	2016 年 4 月第 1 版　2016 年 4 月第 1 次印刷
ISBN	978-7-5192-1236-0/X ·0052
定　　价	29.00 元

总　序

党的十八届三中全会将生态文明建设提到了前所未有的高度，并且提出"要深化资源性产品价格和税费改革，建立反映市场供求和资源稀缺程度、体现生态价值和代际补偿的资源有偿使用制度和生态补偿制度。积极开展节能量、碳排放权、排污权、水权交易试点。"在此形势下，及时跟踪该领域的最新进展，总结国内外实践经验，加强资源环境产权交易理论的研究，是极富时代意义和现实价值的。

资源环境产权交易的思想由著名的"科斯定理"延伸而来。在20世纪30—60年代的系列经典研究文献中，科斯阐述了通过清晰界定产权能够有效解决污染的外部性问题。20世纪60年代后，戈登、司各特等针对"公共池塘"问题所展开的深入讨论，导致了公共资源交易理论的诞生，而戴尔斯、蒙特格罗姆等则建立了污染物排放许可交易体系的理论框架。他们的研究证明，产权交易方式不仅有效，而且现实可行，并很快被应用于渔业捕捞、水和空气污染物控制、温室气体减排等领域，创建了捕捞权交易、水权交易、污染物许可交易、节能量交易、白色证书交易、绿色证书交易等新兴交易市场。历史地看，20世纪90年代开始的美国二氧化硫排污许可交易以及由1997年《京都议定书》所催生的碳排放许可交易对于资源环境产权交易由理论走向实践起到了重要示范和推动作用。目前，全球至少已经建立了 2000 个资源环境产权交易体系，覆盖了包括社区、地区、国家、跨国、全球等多个层面，涉及到资源环境管理诸多领域。

理论和实践证明，资源环境产权交易拥有许多传统命令与控制（command and control，CAC）手段所不具备的优势，如节约规制成本、促进资源集约节约利用、降低污染排放、激励绿色创新等。同样，与其他规制手段类似，资源环境产权交易也存在一定的缺陷与不足。比如，在产权难以分割、污染物不均质、监测计量难度大等情况下，机制设计会非常困难。即使在适合采用该政策的领域，其效率能否发挥出来，也取决于机制设计是否合理。在过去几十年的实践中，出现过大量政策失败的案例。例如，美国福克斯河水质交易体系在运行期内出现零交易；欧洲牛奶配额交易参与主体普遍存在着严重违规，导致交易体系形同虚设；渔业捕捞权交易导致捕捞权向少数大公司集中，小渔民的生计受到威胁；等等。

值得高兴的是，资源环境产权交易理论在过去几十年内获得了长足发展。尤其是最近 20 多年来，比较制度分析、博弈论、实验经济学、计算机仿真分析、机制设计理论等新思想和新方法纷纷介入该领域，在政策比较、配额分配、市场演化、合规机制、政策协调、市场运行评价等方面积累了大量规范和实证研究文献。这些研究不仅使得资源环境产权理论表现出很强的活力，而且对于如何理解和指导现实也具有很高的借鉴价值。

自 20 世纪 80 年代末引入排污权交易制度以来，我国对资源环境产权交易的实践探索已走过 20 多个年头。从 2007 年开始，国务院有关部门组织天津、河北、内蒙古等 11 个省（区、市）在化学需氧量和二氧化硫排污权交易等领域开展排污权有偿使用和交易试点，积累了一定基础和经验。2011 年，我国启动了在广东、湖北两省和北京、天津、上海、重庆、深圳五市的碳排放权交易试点。近几年，山东、北京、浙江等地陆续开展了节能量交易试点工作。另外，水权、生态补偿等交易体系也在一些省市开始实践。形势的发展对理论指导实践提出了迫切要求。

广东省社会科学院环境经济与政策研究中心自 2006 年以来一直专注于环境经济与政策研究，并将资源环境产权交易作为中心的研究重点和未来主攻方向。2008 年始，我们作为项目承担单位承接了广东省排污权交易制度的设计与实践应用研究，对广东省于 2013 年底顺利启动排污权交易试点工作起了重要推动作用。2011 年，我们作为核心成员参与到广东省碳排放权交易机制设计的工作之中。2014 年，我们又承担了广东省节能量交易设计研究和南方电网的节能量交易研究。在 9 年多的研究中，我们深感资源环境产权交易体系的复杂性和多样性，以及在我国加强该领域研究的紧迫性。这也是本丛书出版的初衷。

2013 年 12 月，广东省碳排放权交易正式上线。其他 6 个试点省市的碳排放权交易市场也先后开张。经过两年多的试运行，七个试点碳交易体系的政策设计既有共性又因地制宜体现出各自的特点，既有成功的经验也有值得吸取的教训，这为本丛书的写作提供了鲜活的本地素材。在后续出版的丛书中，我们将及时把这些新鲜的经验吸收进来。

2014 年 12 月，由中心曾云敏博士撰写的本丛书第一本著作《澳大利亚南威尔士碳交易体系（GGAS）研究》正式与读者见面了。该书出版后，深受读者好评。这对我们的研究是极大鼓舞，也为我们尽快完成本丛书的后续系列带来了压力。

这次推出的《资源环境产权交易：理论基础和前沿问题》

《美国区域温室气体减排行动（RGGI）的实践与借鉴》两本著作，经过了一个反复修改、不断更新、不断提炼的过程。我们期待，有更多的读者对我们的研究提出建议，大家共同参与，把研究提升到一个新的水平。

本丛书不在于提供一个资源环境产权交易的百科丛书，而是希望向读者展现我们对该领域一些核心问题的理解，并揭示在实践中所普遍遭遇到的棘手问题以及所需要的解决方案。本丛书有如下三大特点：

第一，强调对理论前沿的跟踪。针对权利和责任分配、合规机制、市场运行、政策协调等资源环境产权交易机制设计中的核心问题，梳理最新的研究结论，介绍多样化的研究思路和方法，揭示理论争议中的热点问题以及未来研究拓展的方向

第二，突出从制度设计层面总结国内外的实践。对于一项引入的制度，如何认识和把握国外的实践精髓是关键。目前，国内各交易体系已经积累了大量的理论与实践方面的文献，但是对制度细节的整理和探讨却相对欠缺，这也导致我们在实践中对一些关键问题的把握缺乏科学、合理的依据。我们认为，只有通过对大量制度细节的把握，以及剖析这些制度细节如何影响了交易体系的运行，才能够抓住问题的关键，并为政策设计提供真正意义上的决策支持。比如，在讨论监管机制的时候，就需要对具体的程序、环节以及相应的要求都进行详细分析。

第三，力求把握住当前我国资源环境产权交易制度建设中所遭遇到的现实难题，并提供其他交易体系在处理相关问题时的经验性做法。比如，在参与广东碳交易体系的设计过程中，我们发现规制部门对企业是否有意愿进行交易、市场能否有效运转起来等问题较为担忧，为了人为活跃市场而设置了过多的行政干预手段。显然，这是一个如何有效平衡市场"无形之手"

和政府"有形之手"的重要问题。如果能够把行政干预的边界、尺度、方法都分析清楚了，对于科学决策是非常重要的。

我们期待，本丛书的出版将为我国资源环境产权交易理论体系建设和经验积累起到垫脚石的作用。欢迎更多的同仁加入到我们的行列之中。

是为序。

广东省社会科学院

赵细康

2015 年 12 月 8 日修订于广州天河北

导　论

　　资源环境产权交易是"以市场机制解决市场失灵问题"的政策工具，它的核心是通过界定可交易产权的方式解决资源环境外部性问题。资源环境产权交易的支持者认为，外部性的本质是产权失灵，只要有效确权，同样能够产生有效的价格信号引导行为主体产生符合可持续发展的行为。

　　资源环境产权交易理论诞生于 20 世纪 60 年代。在此后几十年间，资源环境产权交易理论取得了长足进展，形成了一整套分析框架，政策应用也拓展到包括渔业、空气和水污染物治理、取水、节能和可再生能源、温室气体控制等极为广泛的领域。我国早在 20 世纪 80 年代就开始探索排污权交易，并在最近几年开展了排污权交易和碳排放权交易的试点工作，产权交易方式正在逐渐成为我国解决资源能源、环境保护和低碳问题的重要手段。

　　资源环境产权交易体系的运作，是建立在一整套设计良好的机制基础之上，它们包括：确权与分配机制、合规机制、交易机制、政策协调机制。过去几十年间，在这些领域，无论是理论研究、实证分析，还是案例积累，都已经获得了长足进展，也发现了许多新的特征，主要表现在如下方面：

　　1. 多学科介入。目前，包括博弈论、实验方法、机制设计、政策科学、前沿的计量方法等都已经在资源环境产权交易中广泛应用。尤其是机制设计理论与实验方法在近几年的介入，给资源环境产权交易机制研究带来了全新的洞见。

2. 多角度切入。当前的研究摆脱了过去简单的无交易成本假设下完美市场运行的研究套路，深入研究交易体系运行中所存在着的信息不对称、市场不完美、正交易成本、利益集团寻租、社会公平、企业能力等问题。

3. 多方共同参与。目前，对资源环境产权交易的研究包括学术界、国际机构、国家和地区层面的资源环境管理机构、咨询机构等，理论探讨、现场实验、个案整理、政策设计等文献大量积累。

除了这些，对资源环境产权交易的理解也超越了理论建立初期的简单化、抽象化讨论，发生了重大的变化：

1. 在资源环境产权交易与其他政策工具的比较上，已经从抽象的成本—收益分析转变为体系的综合比较研究。

2. 不再认为资源环境产权具有先天的优势，而强调具体机制设计的重要性。

3. 不再视资源环境产权交易为对传统政策手段的替代，甚至在任何领域都可以替代，而是认识到该政策手段具有有限范围的适用性。

4. 在分配理论上，从传统的分配无关论和最优分配论转变为对确权方式、总量确定、分配方法和过程的分析。

5. 关注到参与主体信息不对称、机会主义和不合规问题，并强调更有针对性的合规机制设计。

6. 不再将交易市场理解为能够自动达到均衡的状态，而是同样会面临市场失灵问题，并需要政府进行适当的市场管理。

7. 重视政策组合，即不再在政策真空中去理解资源环境产权体系的运行。

本书研究的目的是梳理资源环境产权交易体系的理论基础和发展脉络，围绕确权与分配、合规、交易、政策组合等核心问题，追踪和介绍最新的研究方法和研究结论。通过结合大量案例，来讨论这些新的研究方法的内容、价值和局限性。我们希望就如下问题获得初步的解答：

第一，一个成功的资源环境产权交易体系需要解决哪些领域的机制设计问题？

第二，有哪些前沿理论和方法对这些问题进行了分析？

第三，在这些问题上，有哪些资源环境产权交易的现实经验和教训？

本书包括如下八个章节。

第一章，资源环境产权交易的理论基础。简单梳理资源环境产权交易的理论根源、发展脉络和主要内容，讨论对资源环境产权交易优劣势和适用条件的观点。

第二章，资源环境产权交易的类型。依据许可与信用的权力属性差异，分为总量—交易型许可交易和义务—证书型信用交易两大类交易，分别探讨其设计原理与运行方式。

第三章，资源环境产权交易的实践。主要介绍渔业捕捞权、水权、污染排放权、碳排放、白色证书、绿色证书等交易制度的实践应用。

第四章，确权与分配。讨论资源环境产权确权与分配的基本争论，以及分配过程中的信息不对称、利益集团寻租、分权体制中的博弈和配额动态调整等问题。

第五章，合规机制。在分析一般公共政策执行中合规问题的基础上，讨论资源环境产权交易体系运行中的独特合规问题。再结合模型，解释资源环境产权交易体系合规机制设计的理论结论和现实情况。

第六章，价格行为和干预机制。讨论资源环境产权交易作为特殊商品市场的特征，资源环境产权市场失灵现象、成因以及市场干预机制设计问题。

第七章，政策组合。从政策交互的基本理论出发，讨论资源环境产权交易体系与其它政策之间的相关性，分析政策组合可能产生的冲突、协调与互补关系，结合基本模型和欧盟的EU ETS 案例，讨论资源环境产权交易与其他政策组合的一般原则。

第八章，结论、启示和展望。

目　录

1　资源环境产权交易的理论基础

本章主要介绍资源环境产权交易思想的缘起和发展脉络，并围绕其优劣势和适用性的讨论，分析该政策工具的主要特点，最后做小结。

1.1　资源环境产权交易的理论脉络

资源环境问题本质上是"公共物品"问题，对其的讨论早在两千多年前就出现。古典经济学最早对其进行了分析，但是直到 20 世纪中叶，才有学者提出系统的资源环境产权交易思想，并逐渐发展成为独立的理论分支。

1.1.1　古典的思想基础

早在 2000 多年前，亚里士多德在其著作《政治学》中就关注到了公共物品问题，他这样写道"凡是属于最多数人的公共事物常常是最少受人照顾的事物，人们关怀着自己的所有，而忽视公共的事物；对于公共的一切，他至多只留心到其中对他个人多少有些相关的事物。"古典哲学家也对此有所论述，比如休谟提到，公共物品若不加管制的利用，最终会出现所谓"公共悲剧"。

较早对公共品问题进行深入分析的是古典经济学家。亚当·

斯密在《国富论》中指出，即使是天赋自由的制度，也是需要政府履行三项职责，那就是：保护社会免受外国侵略，保护成员的权利免受他人侵犯以及提供某种公共设施。他指出，公共工程尽管对于社会有益，但对于个人和少数人来说，收益小于支出。可以说，斯密已经认识到了公共物品中个人收益和社会收益的不对称问题，以及在此类物品中，政府应该承担起足够的责任。

约翰·斯图亚特·穆勒在分析政府职能的时候也指出，在铺路、修建海港、灯塔和堤坝等问题上，在合适的时候也允许政府进行干预。穆勒指出，如何对公共物品进行收费是其提供的困难所在，比如，对于灯塔问题，没有人会出于自身利益动机来修建灯塔，除非可以从政府的强制性税款中获得收益。后来，亨利·西奇威克对穆勒"灯塔"问题进行继续探讨。他在《政治经济学原理》一书中写道：在大量情况下，这一论断（即通过自由交换，个人总能够为他所提供的劳务获得适当的报酬）明显是错误的。某些公共设施，由于它们的性质，实际上不可能由建造者或愿意购买的人所有。例如，这样的情况经常发生：大量船只能够从位置恰到好处的灯塔得到好处，灯塔管理者却很难向它们收费。

这些古典经济学家发现，当市场力量很薄弱或者缺失时，或者市场上的需求与供给所带来的效益只能补偿一部分所需社会资本时，或者当商品在某些方面具有公共物品的特点时，政府干预就可能会更有效地配置资源（尼斯和斯威尼，2009）。但是，对于政府如何以及采取哪种方式来解决公共性和外部性问题，所述甚少，往往统一在政府干预的笼统框架下略过。

1.1.2 从庇古到科斯

英国经济学家庇古较为系统地阐述了公共领域所存在着"外部性"问题，他提出，造成环境退化的根本原因是市场配置资源失效所导致的经济当事人私人成本与社会成本的不一致，结果是个人的理性选择无法导致社会最优结果，纠正外部性的方案是政府通过征税或者补贴来矫正经济当事人的私人成本，使得环境外部成本内部化（庇古，1920）。

庇古将国民收入称作"国民红利"（National Dividend），按照庇古的逻辑，要使国民收入最大化，就必须满足两个条件：第一，在一种资源的各种用途中，边际社会净产品一定相等。否则资源可以从边际社会净产品较低的用途转向边际社会净产品较高的用途以提高国民收入；第二，边际社会净产品与边际私人净产品相等。否则，当边际社会净产品大于边际私人净产品时，投入既定用途的资源会少于最优数量；当边际社会净产品小于边际私人净产品时，投入既定用途的资源会超过最优数量。前者他称之为"边际社会收益"，后者称之为"边际社会成本"。在庇古看来，当这两类边际净产品存在差异时，自利行为将不会导致国民收入最大化；因而就需要某些特定的行动来干预正常的经济过程以增加国民收入。他主张用公共财政上的补贴或税收优惠以将边际社会私人净产品提高到边际社会净产品的水平，即政府应对造成正外部性的活动者给以补贴，而对造成负外部性的活动者予以课税，并且其补贴或课税的数额应当等于外部性的等值数额，这样就实现了外部性的内部化，而按该原则进行的课税就是"庇古税"。

庇古税解决方案可以用图1-1来表示。

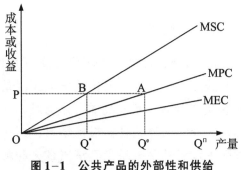

图1-1 公共产品的外部性和供给

图1-1中，MSC、MPC、MEC分别代表企业生产某种产品时的边际社会成本、边际私人成本和边际外部成本。从企业角度看，该企业的最佳产量是产量Q^e。但如果从全社会的角度看，该产品的成本实际上还应包括MEC，总成本为MSC = MPC + MEC。

如果对企业施加某种资源环境政策，比如征税，由于成本的增加，企业相应的产量为Q^*，低于Q^e，污染水平就会相应降低。这种通过对污染外部性征税的方式，又被称之为"庇古税"。

但是，庇古的解决方案并没有得到所有人的认同。1924年，奈特对庇古的观点进行了反驳，他认为，产生外部性的原因是对稀缺资源缺乏产权界定，若将稀缺资源划定为私人所有，同样就能够克服外部性问题。

科斯发展了这一思想，在他的《社会成本问题》一文中，科斯提出，导致外部性的根本原因是产权不明晰，只要明晰界定产权，就可以让经济主体之间自主协商解决外部性问题（Coase, 1960）。科斯分析了牛吃谷物案例，他假定养牛者有权放任牛群吃谷物，那么农民可以选择放弃耕种，也可以选择建栅栏，还可以向养牛者支付一笔费用，请他放弃牛群吃谷物的权利，农民会根据其最小化成本的方式来做出决策。反过来，假定农民有权获得牛吃谷物所产生损失的赔偿，养牛者和农民也可以通过协商方式产生一个双方满意的结果。因此，无论权利界定给谁，只要允许两者进行谈判，最后总是能取得社会成本最小化的结果。因此，足够清晰的产权和低廉的交易成本是决定外部性问题能否依靠自由谈判解决的关键。

1.1.3　资源环境产权交易思想的提出：捕捞权和排污权

20世纪中叶，对渔业资源和污染治理问题的讨论导致渔业捕捞权交易和排污权交易两大思想的诞生，从而奠定了资源环境产权交易理论的基础。

（1）渔业危机和渔业捕捞权

在20世纪上半叶，大量研究发现，没有清晰界定的产权导致了公共资源使用的无组织和混乱。在一些地方，甚至需要通过武力方式解决冲突，而这也无法阻止资源退化。如何解决渔业危机成为全球性的难题和研究的热点问题。戈登（Gordon，1954）论证了开放进入会导致渔业资源耗竭，他的模型假定捕捞成本维持恒定，即不会随着捕捞量的上升而上升，如图1-2中的水平线所示。在社会收益最大化状况下，捕捞量会是 E_1；但如果渔业允许自由进入，那么每个渔民出于个人利益最大化的考虑，会将捕捞量扩大到 E_2，在这个点上，个人的捕捞收益刚好等于个人捕捞成本，但是总捕捞量必然会超出生态经济平衡状态下单个主体的捕捞量限度（E_1）。他认为，这是由于渔业资源的公共产权属性造成的，而渔民的特性决定了在捕捞领域的滥用问题难以通过退出的方式来解决，一是渔民相对封闭、知识水平低等因素导致渔民具有非流动性；二是渔民中盛行赌博思想，即总认为某一天好运总会光临。因此，戈登提出，只有通过限制每个渔民捕捞量、限制船只或者季节性禁渔等方式来维持生态—经济系统的平衡。

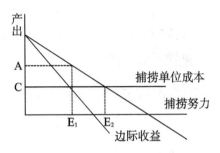

图1-2 戈登的渔业捕捞模型

后来,司各特(Scott,1955)提出,如果赋予某一个渔民以全部的捕捞权,那么他就能够按照生态—经济效益最大的原则来安排捕捞,该观点被视为是将私有产权引入渔业资源管理的开端。

1960年,联合国粮食及农业组织(又称:世界粮农组织,简称FAO)在加拿大渥太华举行的一次会议上,一些经济学家提出了通过发放捕捞许可证的方式来限制过度捕捞。后来,弗兰西斯·克里斯蒂(Christy,1973)详细论述了捕捞权交易的解决方案,基本思路是:将最大可捕捞量配额化,然后按照一定的规则在渔民之间进行分配,每一个渔民的捕捞量不能超过该配额,即所谓的个体捕捞权制度(Individual Quota,IQ)。而莫罗尼和皮尔斯(Moloney & Pearse,1979)提出了个体可转让配额(Individual Transferable Quota,ITQ)的思路,即让个体捕捞配额变成一种财产,并允许它可以和其他财产一样在市场上进行交换。这些观点的提出,奠定了资源交易的理论基础。

(2)排污权交易

到了20世纪60年代,一批美国经济学家开始对排放权交易展开研究，并建立起较为系统的理论框架。1966 年，克罗克（Crocker）在一篇重要的文章中提出，政府可以针对市场上所有的企业设定一个总的污染物排放总量，再分别确定每一个企业的排放配额，这样，管制部门就可以不再对每个企业提出具体的技术改进或者设备安装要求，可以由市场来自行决定排放价格以及每个企业的减排行为，实现污染排放控制目标。后来，戴尔斯在他的《污染、产权与价格》（Dales，1969）一文中阐述了排放权交易的具体机制，基本内容是：政府作为社会的代表及环境资源所有者，出售排放一定污染物的权力，污染者从政府手里购买这种权力，这种权力也可以在持有排污权的污染者之间进行交换。这样，通过购买实际或潜在的"排污权"或者出售"排污权"，就建立起了排污权交易市场。戴尔斯通过举例，说明了这种方式不仅可行，而且能够有效帮助节约污染控制成本。这个例子的具体内容为：政府决定在未来的几年中每年允许不超过 x 吨的废弃物排入某水域，政府可以发行 x 数量的污染权，将其出售给污染者。如果每年要向该水域排放 1 单位的污染物必须在该年拥有 1 单位的排污权。由于 x 少于在没有任何环境政策下的排污量，污染权市场将会出现一个正的价格。企业就根据这个价格来调整自身的污染行为，企业在该价格下实际最优产量少于最初估计的产量时，多出来的排污权可以用来出售。相反，企业应当购买排污权。后来，汤姆·蒂坦伯格（Tietenberg，1970）建立了形式化的模式，证明了产权交易方式相比于传统的政策工具，具有更好的成本收益性，原因在于能够利用市场交易方式，实现传统政策工具无法实现的减排边际成本均等化，从而节约减排的社会总体成本。

1.1.4　现代发展

20 世纪 60 年代之后，资源环境产权交易逐渐在渔业、水资源、水和空气污染物治理、节能和新能源以及温室气体排放控制等领域获得了广泛的应用。而政策应用也进一步推动了理论的发展，尤其是 20 世纪 90 年代之后，研究文献逐渐增多，其他学科和现代分析方法大量介入，使得资源环境产权交易逐渐演变成为一个理论体系。

理论发展的一大特点是细化出众多专门针对某一类问题的研究，主要集中在如下几大方面：

一是政策影响分析。即资源环境产权交易政策对资源使用和污染控制成本、企业成本、产出、技术创新和扩散、成本转嫁以及社会公平、就业等的影响。

二是确权与分配。包括对祖父法、绩效法等方法，以及对免费、收费和拍卖的比较和讨论，尤其是拍卖理论，得到了长足的发展。研究者相信，不同分配方式的社会经济后果存在着巨大差异。与此同时，分配过程也不再被置于黑箱（black box）之中，其间的信息不对称、逆向选择等问题被认为可能严重影响分配结果。

三是合规机制。这是传统公共政策中监测和惩罚政策设计思路在资源环境产权交易领域延伸的结果。研究表明，适用于直接管制手段的监测与惩罚手段或许并不适用于产权交易方式，它需要作出独立的、针对性的设计。

四是市场运行。资源环境产权交易的市场运行不再通过简单的新古典一般均衡模型的方式加以略过，其所涉及的交易成本、信息不对称和动态演化问题被揭示出来。

五是政策交互影响（policy interaction）。研究认为，将产权交易体系看成是真空中独立运行的传统观念并不正确，资源环境产权交易体系无法摆脱其他相关政策独立存在，而其他政策通过影响企业的成本和收益，将间接导致产权交易体系的运行绩效。政策冲突和政策冗余的现象值得警惕，而政策互补则是值得追求的结果。

1.2 资源环境产权交易的优势和劣势

产权交易方式是在对传统资源环境管理政策反思的基础上提出并不断发展出来的。但是，无论是资源环境政策理论研究，还是决策部门的政策手段采用，产权交易方式并不占据主导地位，传统的直接管制、税收等手段仍占主流。支持者虽然相信产权交易方式具有优越性，但批判的声音也同样存在。

1.2.1 支持者的观点

（1）成本节约效应

蒂坦伯格（1970）较早证明了资源环境产权交易相对于其它政策具有比较成本上的优势，内维尔和斯塔文斯（Newell & Stavins，2000）完善了该模型，证明了在企业减排成本存差异情况下产权交易方式具有比较成本优势。他们的排污权交易模型如下。

假设管制部门的排放总量控制目标是 Q，每一个企业的产出是 x_i，$X = \sum_1^n x_i$ 是全部产出，企业在没有管制的情况下，排放基数是 q_{0i}。企业的成本函数可以定义为：

$$C(q_i) = c_{0i} + c_{1i}(q_{0i} - q_i) + \frac{c_{2i}}{2}(q_{0i} - q_i)^2 \qquad 1.1$$

那么企业最小化成本下的决策是：

$$-C'(q_i) = c_{1i} + c_{2i}(q_{0i} - q_i) \qquad 1.2$$

在没有任何管制的情况下，企业的污染物排放成本为 0，即 $c_{0i} = 0$。

如果将该成本公式乘以 x_i^2/x_i^2，那么有：

$$C(q_i) = \frac{x_i}{2b_i}(a_i - \frac{q_i}{x_i})^2 \qquad\qquad 1.3$$

$$-C'(q_i) = \frac{1}{b_i}(a_i - \frac{q_i}{x_i}) \qquad\qquad 1.4$$

其中，$a_i = \frac{q_{0i}}{x_i}$ 是基准排放强度，$\frac{1}{b_i} = c_{2i}x_i$，可以得到：

$$\overline{q}_i = (a_i - b_i p)x_i \qquad\qquad 1.5$$

定义 $\overline{a}$，$\overline{b}$ 和 $\overline{x}$ 为各相关参数的均值，我们可以得出如下结果。

① 排放标准政策的成本

如果采取排放标准政策，即对企业 i 设置的排放标准为 $\widetilde{q}_1 = \frac{Q}{X}x_i$，可以得到：

$$C(\widetilde{q}_1) = \frac{x_i}{2b_i}(a_i - \frac{Q}{X})^2 \qquad\qquad 1.6$$

那么：

$$E[C(\widetilde{q}_1)] = \frac{\overline{x}}{2b}(\overline{a} - \frac{Q}{X})^2 + \frac{1}{2}[\frac{\overline{x}}{b}V(a) + \frac{\overline{x}}{b^3}(\overline{a} - \frac{Q}{X})^2 V(b)] \qquad\qquad 1.7$$

可以得出，单一排放率标准政策模式下的成本为：

$$C(\widetilde{Q}) = \frac{X\overline{a}^2}{2\overline{b}}(r^2 + r^2\beta + \alpha) \qquad\qquad 1.8$$

$$r = (\overline{a} - \frac{Q}{X})/\overline{a}, \ \alpha = V(a)/\overline{a}^2, \ \beta = V(b)/\overline{a}^2 \qquad\qquad 1.9$$

② 统一排放削减政策的成本

如果要求每一个企业减排 r，可以得到：

$$\widehat{q}_1 = (1-r)a_i x_i = \frac{a_i}{a}(\frac{Q}{X})x_i \qquad\qquad 1.10$$

$$C(\widehat{q}_1) = \frac{x_i}{2b_i}(a_i - \frac{a_i}{a}\frac{Q}{X})^2 \qquad\qquad 1.11$$

那么可以得到：

$$C[\widehat{Q}] = \frac{X\overline{a}^2}{2\overline{b}}r^2(1 + \beta + \alpha) \qquad\qquad 1.12$$

③排放权交易政策的成本

如果采取排放权交易政策，企业有激励决定一个排放水平q_i^*以最小化成本，可以得到：

$$q_i^* = (a_i - b_i p^*) x_i \qquad 1.13$$

当市场规模为Q，市场出清成本为p^*，那么p^*会等于每一个企业的边际排放成本。可以得到：

$$E\left[q^*(p^*)\right] = \overline{q} = (\overline{a} - \overline{b} p^*) \overline{x} \qquad 1.14$$

$\overline{q}$代表着平均排放水平，将$\dfrac{Q}{X} = \dfrac{\overline{q}}{\overline{x}}$代入公式，可以得到：

$$p^* = \frac{1}{b} \left(\overline{a} - \frac{Q}{X}\right) \qquad 1.15$$

代入公式1.9，可以得到：

$$q_i^* = \left[a_i - \frac{b_i}{b} \left(\overline{a} - \frac{Q}{X}\right)\right] x_i \qquad 1.16$$

那么排放权交易政策的总减排成本为：

$$C(Q^*) = \frac{X \overline{a}^2}{2b} r^2 \qquad 1.17$$

显然，排放权交易政策相对于排放标准政策，将节约的成本为：

$$\widetilde{\Delta} = C(\widetilde{Q}) - C(Q^*) = \frac{X \overline{a}^2}{2b} (r^2 \beta + \alpha) \qquad 1.18$$

排放权交易方式相对于排放削减政策，将节约的成本为：

$$\widehat{\Delta} = C(\widehat{Q}) - C(Q^*) = \frac{X \overline{a}^2}{2b} r^2 (\beta + \alpha) \qquad 1.19$$

从上述分析可以得出如下三个基本结论：

首先，资源环境产权交易能够给管制对象提供较大的灵活性，使其可以根据自身技术、生产工艺和设备等条件选择合适的污染控制策略。

其次，资源环境产权成本/收益的来源是不同管制对象之间的污染治理成本或者资源使用收益存在着差别。

最后，产权交易方式的成本/收益的大小取决于两个方面：管制对象的初始排放强度 α；减排成本函数的斜率 β。管制对象初始排放和减排边际成本的差异越大，产权交易方式的优势越明显。

一些经验分析也佐证了这个结论。蒂坦伯格（1985）对那些已经实施的排污权交易计划和命令与控制体系（Command & Control）在各种情况下的成本差异进行比较后得出结论：如果用排污权交易替代命令与控制手段，相比于传统的命令与控制型政策，排放权交易可以节约 1.1% ~ 22% 的成本。帕尔默和布尔陶（Palmer & Burtaw，2005）估算了美国电力部门采取排放权交易制度的情景，其减排成本要比环境标准政策低 50%。一份对美国水质交易的研究表明，1997 年，美国私有点源控制费用约 140 亿美元，公共点源控制费用约 340 亿美元，采用水质交易政策每年可以节约近 9 亿美元的实施成本。而康涅狄格公共污水处理系统通过内部排污权交易使长岛海域的氮排放达到总量控制目标，并节约了 2 亿多美元的控制成本（李小平等，2006）。

如果考虑信息成本，产权交易方式的优势会更加明显。Arnaosn（1990）对比分析了渔业税和 ITQ 制度在信息成本方面的差别，指出采用渔业税时，由于不同生产者渔业资源的影子价格不同，不同鱼种的丰缺度不同，就需要根据不同鱼种制订税率，而这需要渔业资源管理者掌握大量信息，并且对不同鱼种进行价值核算，成本过高。而如果采用 ITQ 制度，由于捕捞权市场价格能够为管理者提供资源丰缺度的相关信息，使得该制度具有一种内生的信息形成机制，降低了管理者的信息成本。

（2）技术创新效应

从长期来看，管制政策效果主要来源于管制对象的技术创新和技术进步。支持产权交易的观点认为，基于市场的手段对于技术创新具有更明显的效果。相反，由于一般的限制性政策只提供达到规定的技术标准点的刺激，而缺乏进一步的持续刺激，对于创新的激励就不如市场交易方式。

（3）投入激励效应

产权交易的支持者相信，命令—控制型政策会阻碍企业对污染治理的投入，因为企业只要达到了管制部门设定的排放标准之后，即使有更好的设备或者技术可供采用，也缺乏继续投入的激励。但是在排放权交易情况下，由于企业多余的减排量具有经济价值，那么它就会按照符合其自身经济利益最大化原则，安排更多的投入。排污权交易的优点是每一个污染者都对自己的行动所造成的成本与收益有剩余索取权（Dasgupta et al.，1979）。这样，就使得减排行为具有经济价值，从而给予企业降低污染物排放的激励。尽管排污权交易政策会促使企业加大环保投资，但是企业治污投资选择取决于配额交易市场的价格，尤其是当企业预期排污权交易价格会上涨时，企业甚至会对治污技术投资进行过量投资（Laffont & Tirole，1996）。

资源环境产权交易方式的另外一个好处是能够增强企业投资的合理性。由于传统的命令—控制型政策是政府确定企业需要投入的量，但是政府并不掌握企业的成本—收益信息，因此决策很可能偏离实际并且无法兼顾企业的差异性。而资源环境产权交易将投资的决策权交予企业，使其能够按照更加合理的成本—收益核算安排投资行为。通过竞争，产权交易市场会形成一个均衡价格，这个价格会成为企业决策的基本信号，引导企业按照最优方式进行污染治理投资，而其他政策无法产生类似的信号。

另外，产权交易方式会增加主体投入的多样性和灵活性，比如，存在水权交易的前提下，由于用水者可以在综合考虑了水资源机会成本之后，对作物种植结构和水资源利用等方面做出合理和积极的选择，因而资源的配置更加灵活。

1.2.2　质疑者的观点

质疑资源环境产权交易的声音一直存在。在 20 世纪七八十年代，一些反对者认为，类似排污这样的问题，由于对社会的影响是负面的，不应将其权利化，这样做甚至是不道德的。但是，这种观点很快消失了。大部分研究者主要从其政策效果的角度提出不同的看法，并主要围绕成本节约、创新激励、治理投入等问题展开。

（1）成本节约效应

虽然严格假设条件下资源环境产权交易的比较成本优势得到了充分支持，但如果将更为全面的成本考虑在内，资源环境产权交易是否仍然具有绝对的优势是值得商榷的。比如克拉尔斯和魏雷科（Crals & Vereeck，2005）将企业的管理成本、行政成本、市场上存在着的各种交易成本一并考虑在内（见表 1-1），他们以此为基础对多种政策进行比较研究后发现，采取产权交易方式，相比于其他政策而言额外多出了市场交易成本这一块，而且游说等成本可能比其他政策更高，因此很难保证产权交易方式具有绝对的成本优势。

经验研究表明，许多资源环境产权交易体系均存在着运行成本过高的问题，并主要是由于政策设计不当所导致的，"高昂的搜寻成本、排污者的策略行为以及市场的不完美性都有损于该制度的功效"（Tietenberg，2001）。范德伯格（Van der Burg，2000）对渔业捕捞权的有效性也提出了不同的看法，他指出，从新古典经济学的观点看，ITQ 制度相对于其他政策来说更有效率，但由于新古典经济学忽视了 ITQ 制度设计、决策和运行中的成本。虽然传统管制模式的行政成本很高，但是 ITQ 在渔民中的分配也是一个耗费时间的过程，而且监督更为困难，每个国家（地区）会因为其自身利益的缘故而纵容渔民超额捕捞，可能导致 ITQ 分配上本身就存在着过量问题。另外，由于 ITQ 的限制，捕捞副产品和小鱼的故意遗弃也将更加普遍，从而导致了额外的社会成本。

表 1-1　资源环境政策的综合成本比较

交易成本	固定（事前）	可变（事后）
市场	信息成本 搜索成本 谈判成本 签约成本	保险成本
管理	设立成本	监督成本 实施成本 融资成本
政策	游说成本 公众支持成本 政策实施成本	运作成本 合规成本 延误成本

资料来源：Crals E, Vereeck L. Taxes, tradable rights and transaction costs [J]. European journal of law and economics, 2005, 20 (2): 199-223.

（2）创新激励效应

对于资源环境产权的技术创新效应也存有怀疑，比如希顿对多种政策进行比较之后发现，相比于其他污染治理手段，排污权交易在技术创新方面的优势并不明显，甚至处于劣势（表 1-2）。

对美国排污权交易、EU ETS 等交易体系的实证研究也表明，资源环境产权交易在技术创新和扩散上的效应并不那么突出。比如卡森等（Carlson et al., 2000）对美国酸雨计划二氧化硫排污权交易政策效果的估算发现，低硫煤对企业合规的贡献占到

80%,而技术进步则占到20%,技术进步的贡献比例并不高。当然,也有一些案例表明,酸雨计划对技术进步还是起到了实实在在的促进作用,比如在酸雨计划实施之后,高硫煤与低硫煤进行混合燃烧的技术取得了突破并很快得以推广,而这一技术在20世纪90年代之前被认为存在着很大的困难。

表1-2 不同环境政策手段对技术创新的影响

手段	渐进型创新	激进型创新	技术扩散
1. 命令与控制手段			
产品标准	※※	※	※※※
产品禁令	※	※※※	※※
市场准入	※※※	※	N/A
绩效标准	※	※	※※
技术规范	※※	※	※※※
(设施)许可	※※	※	※※
2. 基于市场的手段			
排污收费(税)	※※※	※	※※
环境补贴	※※※	※※	※※※
排污权交易	※※	※	※
生产者责任	※※	※※※	※
3. 相互沟通手段			
信息披露	※※※	※	※
自愿协议	※※	※	※※※

注:※,关联性弱;※※,中度关联;※※※,高度关联;N/A,不清晰。

资料来源:吕永龙,梁丹. 环境政策对环境技术创新的影响 [J]. 环境污染治理技术与设备,2003,4(7):89-94.

（3）投入激励效应

对于资源环境产权交易方式是否会增加企业节能减排方面的投资，一些研究则提出了悲观的结论。如汉特和米切尔（Hunter & Mitchell，1999）利用期权定价模型，对美国酸雨计划的数据进行分析，结果表明，在均衡条件下，企业为达到政策要求，直接购买排污权比投资污染治理更有效，即排污权交易政策不利于激励企业污染治理投资。但是，从另外一个角度而言，这反而表明配额交易所具有的优越性：通过市场价格信号实现对不同企业减排投资行为的引导，避免了不必要的高成本减排投入。

当然，企业的环保投资决策不仅取决于政策本身，也会受到政策预期、政策实施强度等方面的影响。

（4）公平问题

一些研究认为，资源环境产权交易可能会导致严重不公。比如，在排污权交易体系中，由于将配额分配给了在位者企业，导致了对新进入企业的不公；而在 ITQ 制度中，新进入者也无法获得所希望得到的捕捞权。

当然，公平性问题在采用产权交易方式之前就已经广泛存在，比如 1971 年美国联邦环保局制定的新排放源绩效标准要求所有新建电厂的排放必须控制在 0.8 磅/百万 Btu，为了达到这一标准，几乎所有的新建电厂都必须安装脱硫设备，即使这些电厂使用了低硫煤。虽然该政策取得了一定的成效，但该政策对老电厂的标准要求明显松于新电厂。

资源环境产权交易公平性的另一挑战是分配环节的游说。哈恩（Hahn，1990）等的研究表明，在酸雨计划的分配环节，利益集团的游说活动是极为活跃的，而他们也因此也得到了大量好处，即分到了更多配额。虽然在命令与控制型政策下，企业对于技术标准、设备安装要求高低等往往展开游说，但是其程度明显不及资源环境产权交易。

另外，就是市场运行本身所导致的不公平，这是资源环境产权交易体系所独有的。比如 ITQ 制度中，大型的捕捞公司通过收购中小捕捞者捕捞权的方式，逐渐扩大规模，形成了垄断力量，从而威胁到小渔民的生存空间。美国西部的水权交易也出现了"腰包鼓的人用水多"的说法，通过市场交易，富人拥有了更多用水权，而这可能会牺牲掉穷人的用水权。

1.2.3　简评

无论争论的出发点如何，我们认为，资源环境产权交易最大的特点是给予了管制对象通过市场交易方式自主实现合规的渠道，从而提供了传统的刚性政策所不具备的弹性和灵活性。这种灵活性使得管制对象能够在资源使用和污染排放问题中，像在普通产品市场上那样，按照自身的成本—收益情况来合理安排设备改造、工艺改进和技术创新行为，从而节约了成本，导致创新和投资行为更为合理。

但并不能因此认为，资源环境产权交易就具有了相比于其他政策的绝对优势，尤其是在将理论应用于实践的时候，其政策效应就并非理论上所论证的那么简单。长期致力于资源环境产权交易研究的斯塔文斯（Stavins, 1995）发出这样的警告，那就是不要将关于产权交易成本优势理论证明的结论理解成为产权交易机制总是比其它方式更为有效。虽然产权交易方式具有成本收益性，但也是在严格限定的条件下才具备的。

众多讨论得出的另外一个启示是，要想从抽象的理论层面评价一个政策工具是否比另外一个政策工具具有绝对优势是非常困难的，比较标准、比较方法的不同都可能影响结论。时间因素也不可忽略，政策工具发挥作用的机制就是要力图对目标群体的行为进行改变和强化，但是"一些政策工具在一段时间以后会变得过时，因为一些政策对象会学习如何应付这样的政策工具。结果，这些政策工具的效果会随着时间的推移而缩小。"（彼得斯，2007）另外，即使是同一个政策工具，也可能仅仅因为设计上的差异而导致绩效上的重大差别。

1.3 资源环境产权交易的适用性

实践导向的研究强调，判断政策工具有效性的主要标准应该是政策工具对政策目标的实现程度，也就是说政策工具对政策问题解决的程度（崔先维，2005），因此，政策分析必须强调适用性问题。只有综合考虑不同情境下政策的应用情况，才可能真正找到一个政策工具的比较优势领域。

1.3.1 不确定性因素

对资源环境产权交易政策工具适用性的开创性研究文献可以追溯到威兹曼（Weitzman）1974 年的论文。该文的基本结论是，在污染控制成本不确定的情况下，哪种工具更为合适取决于污染治理边际收益曲线与污染治理边际成本曲线的相对斜率。基本的内容为：

如果企业污染治理的边际收益曲线是平缓的，而污染治理的边际成本曲线是陡峭的，那么管制部门就可以合理、精确地预测污染的"价格"，并且因收费造成的管制成本也不会太大；在这种情形下，因为对排污权如何进行定价难以确定，采用排污权交易的方式导致的管制成本可能会相当高。

相反，当污染治理的边际成本曲线是平缓的，而污染治理的边际收益曲线相对陡峭时，选择排污收费会造成很大的管制成本，而选择一个既定目标的污染控制水平，导致的管制成本就相对较低。

这启示我们，如果污染治理的边际成本曲线比边际收益曲线陡峭，就应采用价格型规制工具，即利用收费政策；如果污染治理的边际成本曲线比边际收益曲线平缓，就应采用数量型规制工具，如排污权交易制度。威兹曼的结论是，污染治理边际收益和边际成本曲线的相对斜率是决定排污权交易制度是否适用的关键。

威兹曼对不确定性与政策工具之间关系的讨论启发了大量后续研究。研究者发现，即使不考虑到污染治理边际成本问题而单纯考虑不确定性，也可以根据不确定性程度来判定资源环境产权交易是否可行。匹泽（Pizer, 2002）、内维尔和匹泽（Newell & Pizer, 2003）等的分析表明，在高度不确定环境况下，税收政策可能比排放交易体系政策更具优势，原因在于，如果不确定性程度过高，税收政策施加给企业的成本较为明确，企业仍然能够做出较为合理的减排策略安排；但是，高度不确定性却会导致排放权交易市场出现异常的以及过大的价格波动，使得企业决策陷入混乱。这个结论得到了一些交易体系的验证，比如一些国家（如加拿大）就建议不对重要的沙丁鱼渔场使用产权交易体系的方式来管理，主要的原因是渔场可捕捞量的季节性波动过大且不可预测（尼斯和斯威尼，2009），在这种情况下，如果由于季节波动而导致发放的配额大于生物学意义上的可捕捞量，结果可能会是灾难性的。

当然，如果不确定性程度并不高，产权交易方式还是具有明显优势，因为企业可以依靠市场手段来调节持有的配额数量，以避免因不确定因素导致的违规现象发生。相反的是，如果缺乏了交易机制，企业在所安排的减排计划与实际情况出入较大时，就容易违规（Scandizzo & Knudsen，2010）。也就是说，企业利用资源环境产权市场的操作避免了不确定性对其所造成的不利影响。他们进一步证明，如果纳入排污权交易体系企业的排放受不同来源的不确定性因素影响，交易体系的优势更为明显。比如，突然变热的天气可能使得电力部门成为配额的需求者，稳定的温度则使得电力部门成为配额的供给者。在其他产业不受温度这种变化冲击时，电力部门就可以通过市场操作来保证自己的合规，而这一点在各种命令与控制型政策中是很难做到的。

1.3.2 资源环境特性

对产权交易方式适用性问题的讨论，一个聚焦点是资源环境特性，它是决定产权交易制度能否有效的最直接原因。

一是资源环境的空间因素。研究表明，如果污染物对环境的影响在地域上的分布较为均一，适合采取产权交易方式，比如二氧化硫排放所造成的酸雨效应，对不同地区的影响是比较相近的；但是，如果一种污染物对不同地区的影响具有很大差异性，它们之间就很难进行对等的交易，导致交易体系的设计存在更大困难。同样的，对于水权交易来说，同一区域之间的交易对水资源分布的影响较小，更为容易开展，但跨区交易就可能导致水资源分配上的失衡，就需要极为小心地对待。

二是如果资源使用和污染排放存在热点（hot-spot）问题，就难以利用产权交易方式。热点指的是，污染物在空间上或者时间上的集聚可能会导致超出常规的环境损害，而在产权交易方式下，由于排污权的自由流动，比传统政策更容易导致这种情况发生。因此，对于这些污染物，产权交易方式是被严格限制的，比如美国 EPA 尽管出台政策大力支持开展营养物质（如总磷、总氮）和沉积物交易，与此同时则不鼓励进行持续性、生物积累性的有毒污染物品种交易。

三是资源环境是否是均匀混合产品。具有均匀混合的产品，比较容易进行互换，在这个方面，水、不同电厂排放的二氧化硫、能源消费量等是符合资源环境产权交易要求的；但是，非均匀混合吸收性污染物、多鱼种混杂鱼群等情况就并不合适了，比如，不同部门的工业污水因生产中所用的原材料、工业生产中的工艺过程、设备构造与操作条件、生产用水的水质与水量、污水处理工艺的差异等等，导致产生的污水性质完全不同，难以明确共性和进行简单分类，自然很难进行等价交换。

四是对资源环境确权的难易程度。在资源经济学中，自然资源不能有效地划分为私人拥有的"小块"的特点又称之为"不可分性"（indivisibility），因为确权成本过高，它将阻止最优化的取得，也同样会阻止产权交易体系的建立。在传统意义上，水、空气、海洋等都是无法确权的，但现代法律制度的发展和监测技术的进步使得许多从物理化学角度无法进行分割的资源和污染物可以进行社会学或者法律意义上的分割，比如，通过对企业排污量的监测来量化企业的排污量，通过对个体渔业捕捞所得的记录和统计实现对渔业捕捞的量化，或者通过简单的标准方法来核算非点源减排项目的减排量等。

五是资源环境的稀缺程度。正如理查德·伊利（1982）所指出的，有时水权是完全没有价值的，因为水量很多，足以满足每个人的需要。但当水很稀少、无法供应一种或全部需要时，控制和利用水的权利就变得有价值，并有了价格，在这种情况下，水就成了一种财产，就得建立法律和制度。这就表明了，水的稀缺程度是决定水权制度是否有必要的现实条件，而当前，大部分水权交易制度都发生在干旱和缺水地区这一事实也证明了这一点。当然，在资源环境问题过于严重的情况下，采取产权交易方式也被认为是不合适的。水权交易无论如何发展，也不会突破生物用水量这一阈值，即水权交易需要以保障基本的生物用水前提之下才能够展开。而美国的水质交易中，明确规定环境质量没有达到一定标准的地区不宜使用排污权交易，而应该采取强制性的技术政策来提高环境质量，污染源通过交易来达到基于技术的排放限值（TBEL）不被支持，它们必须首先通过自身治理达到污染物控制的最基本要求。

1.3.3　信息不对称问题

资源环境产权交易方式的好处是使得管制部门只用关注管制对象最为直接的资源使用和污染排放情况，降低了传统政策对企业信息的依赖。但是，这实际上是建立在管制部门获取个体的资源使用和污染排放信息成本更低的基础之上的。如果情况相反，那么产权交易就没有比较优势，而在现实中，相比于对企业排污口的污染物浓度、流速等进行持续的监测以获得一段时期内的污染排放总量信息，检查一个企业是否安装了某个排污设备并是否在运行要相对简单很多，也更容易办到。因此，有研究者认为，命令与控制型政策在环境政策中大量存在的原因在于管制机构已经明确知道自己无法精确衡量减排量，所以只能通过对其他方面进行控制（Driesen，1998）。

1.3.4　管制对象的特征

产权交易方式需要依靠一个运行完美的市场，但是市场机制可能运行不畅。以下三种情况不适合运用产权交易方式：

一是交易体系覆盖的对象过少，市场会过于"稀薄"。在水质交易，一些地区的节能证书交易体系以及水权交易中，都存在市场参与主体不足导致交易量匮乏的情况。

二是交易体系纳入对象本身具有垄断结构，市场势力会导致市场价格扭曲（Hahn，1984），从而造成很大的福利损失（详细的分析见本书第六章）。

三是以中小企业为主导的行业也被证明并不适合于产权交易方式加以管制，主要原因在于监测成本过高。EU ETS 在第一阶段试验期结束后，欧盟委员会发现小公司在实施 ETS 机制时的成本费用负担过重问题，对 2012 年以后阶段欧盟 ETS 机制做出了修改，规定对排放量少于 1 万吨设施的企业可以选择退出这个交易机制。

1.4　小结

资源环境产权交易的理论根源产生于对外部性问题研究的不断深入，现实基础则是出于传统命令与控制型政策在实施中所存在的困境。由于产权交易方式为管制对象所创造的经济激励性和灵活性，以及由此产生成本—收益性，使得在过去几十年间，获得了较多的支持和应用，并且成为理论研究的重要内容和政策选择的重要对象。

本章介绍了资源环境交易思想的基本发展脉络。早期的研究，恰如艾乐曼（Ellerman，2003）所批评的那样，都是建立在过于简单的假设基础之上的，许多文献中对产权交易体系的描绘都具有如下的特征：每一个受管制对象都能够被准确监测；污染排放的空间分布变化不会对环境造成不利的影响；市场是充分竞争的。等等。这种思维导致的后果是：产权交易制度往往被不加思考的应用到那些并不适合于该项政策应用的领域，而在政策设计中也容易出现简单化的思维。

　　所幸的是，各方面的研究在不断深入，对于资源环境产权交易方式本身的特点、优缺点、适用条件等问题都有了很大的进展，推动理论界和政策界对资源环境产权交易方式有更为理性的认识。因此，如何继续打开资源环境产权交易这个黑箱，剖析其制度的各项组成及特点，将成为一个重要的理论主题。

2 资源环境产权交易的类型

依据资源环境产权的属性，在交易实践中，政府（或权威组织）往往将权利主体所自主享有的内含经济价值的权能和利益以权利性许可或权利性信用证书的方式进行确权，并允许这些权利性的许可或信用证书在权利主体之间进行交易。因此，目前各种形式的资源环境产权交易，依据其权利赋予的内涵和权利实现方式的不同，可以分为总量—交易型的许可交易和义务—证书型的信用交易两大类。大家熟知的美国二氧化硫排放权交易体系、EU ETS 等，属于总量—交易型的许可交易，在欧盟等国家应用较为广泛的白色证书和绿色证书交易，以及《京都议定书》所创设的 JI 机制、CDM 机制，则属于义务—证书型的信用交易。

2.1 资源环境产权的内涵与特征

权利是一个重要的法律范畴。在法学意义上，权利是法律赋予权利主体作为或不作为的许可、认定及保障。边沁认为："权利乃法律之子"，说明权利本质上是人类创设的一种制度设计，权利需寄身于实在法，必须依法律来保证其实现的必要性。也就是说，缺乏法律的规定和保障，权利是不复存在的，至少是得不到有效救济的，因此权利之实际享有与实现，必须以法律的规定为现实依托。自罗马法赋予"团体"的法律人格以来，法人成为了世界各国规范经济秩序以及整个社会秩序的一项重要法律制度。因此，在现实中，权利主体包括法人与自然人两类，二者均享有法律上的权利与义务。

不难理解，依照上述逻辑，现实生活中的资源环境产权是指权利主体对资源环境所享有的一项法定权利。比如，依法排污、依法捕鱼、依法采水、依法采矿等权利。

2.1.1 确定资源环境产权的法学依据

自然地，人们通常会质疑，企业或个人凭什么拥有排污、采矿、捕鱼等权利？

按照权利存在的方式和状态，一般分为应有权利、法定权利和实有权利三种。应有权利是按照人的本性，即基于人性、人格和人道基础上的自然属性所应当享有的权利，这是人之作为人在道德上所具有的标志和属性，是人与其他动物的根本区别，也是法定权利产生的主要依据和前提。法定权利是应有权利的法律化，即一个国家的宪法、法律和法规等将权利主体应当享有的权利用法律的形式规定下来，赋予它们以法律保护和实现的权威性、强制性和规范性。实有权利是权利主体在现实社会生活中实际享有的权利。这三种形态的权利相互关联，应有权利范围最广、内容最多，起到引导、帮助法定权利完善和发展的作用；法定权利的范围和内容要小于或少于应有权利，属于法律化了的"应有权利"。实有权利数量要少于前两个层次，但对于具体的权利主体而言，它却是实实在在的实现了的权利。

显然，应有权利是权利的起点。人类要生存发展，必然要从自然中获取水、空气、食物等资源，并占用自然空间，向环境排放废弃物。因此，使用资源环境是人类拥有的一项天然权利。而企业等法人，作为维系经济社会运行和人类发展进步的一种自然人集合体，同样也应拥有相应的利用自然资源、获取自然空间、使用环境等权利。否则，经济社会便无法运行。以排污为例，在现有技术水平下，企业生产必然或多或少会产生污染。换句话说，只要人类有生产活动，就必然有污染产生，排污也自然成为企业的一项应有权利。这方面，王金南（1997）、胡春冬（2005）、王传良（2011）等学者也持有同样的观点。

2.1.2 资源环境产权的属性

学界认为，资源环境产权属于用益物权的一种，也称为准物权。在法律意义上，用益物权是指非所有人对他人之物所享有的占有、使用、收益的一项排他性权利。比如土地承包经营权、建设用地使用权、宅基地使用权、地役权、自然资源使用权（海域使用权、探矿权、采矿权、取水权和使用水域、滩涂从事养殖、捕捞的权利）。崔建远（2003）认为，准物权"不是属性相同的单一权利的称谓，而是一组性质有别的权利总称。按照通说，它由矿业权、取水权、渔业权和狩猎权等组成。"

值得一提的是，资源环境产权之所以叫做准物权，在于其具有与一般的用益物权所不同的属性。按照 2007 年 3 月 16 日第十届全国人民代表大会第五次会议通过，自 2007 年 10 月 1 日起施行的《中华人民共和国物权法》规定，"国家、集体、私人的物权和其他权利人的物权受法律保护，任何单位和个人不得侵犯"。比如，个人的房屋使用权等，只要个人是合法购买的，并且在法定使用年限内，国家不能更改个人的房屋面积。否则，就是侵权。但是，某些资源环境权利，比如碳排放交易制度中发放给企业的排放配额，虽然是一种准物权，企业拥有排放规

定量温室气体或通过出售配额获得相应收益的权力。但是这种
权利是有法定限定条件的，如果政府出于削减碳排放总量的考
虑，需要在未来决定减少市场中总的配额量，则企业所获得的
配额量也必须相应减少，但企业不能要求政府赔偿或者以吞噬
私产为名起诉政府。某种意义上，部分资源环境产权不能构成
市场参与者的一项正式财产权利，这是资源环境产权不同于一
般用益物权的最大不同点。

2.2　总量—交易型许可交易

总量—交易型许可交易是依据总量和交易（cap-and-trade）
的原理来设计的，大多数资源环境产权交易属于此类，如渔业
捕捞权交易、水权交易、排污交易、碳排放交易等。克罗克
（Croker，1966）和戴尔斯（Dales，1968）等人最早分析的排污
权交易，均属于总量—交易型许可交易。

总量—交易型的许可交易制度实施最为成功的案例是美国
在 20 世纪 90 年代初针对酸雨问题实施的二氧化硫排放许可交
易计划，此计划获得了巨大的经济效益与社会效益，并作为总
量和交易制度的样板得以普遍推广。

2.2.1　总量—交易型许可交易的设计原理

总量—交易型许可交易制度的设计与污染物总量控制思想
密切相关。比如，面对渔业资源日渐枯竭，传统的基于单个渔
船、单个捕鱼企业，乃至整个捕鱼行业的一些管制措施（如限
制渔网网格大小、限制捕鱼工具种类、实施休渔制度等），虽然
可以一定程度遏制捕鱼量的快速上升。但是，在消费快速增长
的条件下，数量和价格的上升，产生了强大的市场需求，将驱

使更多的人加入到捕鱼行列之中，市场供给量会相应上升，渔业资源的自我生产与渔业消费之间将产生巨大缺口，渔业的总净资源量必然趋于下降。因此，也就诞生了渔业资源的总量控制思想。

同理，虽然环境有自净能力，但随着人类生产和消费活动的快速提高，实际向环境中排放的污染物往往呈级数增加，远超环境自净能力。最初的一些环境管理措施，如基于命令与控制（command and control，CAC）思想设计的准入限制、排放标准、工艺标准等措施，往往控制了生产过程，对点源污染控制可能有效，但由于排放源数量以及点源的活动水平仍在不断上升，对面源污染、区域污染等总体性污染控制往往失灵。即使是收取庇古式的排污税，最佳税率也往往偏离市场均衡点，要么收税过高，影响经济发展；要么，税率过低，实际排放量大于环境自净量，环境继续恶化。

而实施污染物排放总量控制措施则可以解决这一矛盾。在实施总量控制时，污染物的排放总量应小于或等于允许排放总量。区域的允许排污量应当等于该区域环境允许的纳污量。例如，对一个河段的污染物允许纳污量是由该河段控制断面的污染物允许负荷量及水体自净容量两者累加确定的。不难看出，污染物总量控制管理比排放浓度控制管理具有较明显的优点，容易实现预期的环境质量目标。

总量—交易型许可交易有几大政策基点：①制度创设，建立相应的法律法规；②总量（cap）设置，依据预定的资源环境目标设定总的增制量；③对总量目标进行任务分解，采用许可方式进行任务分配；④确定责任主体的实际完成任务情况，例如，在碳交易中建立 MRV 体系，对责任主体的排放量进行监测、核实和确认；⑤建立许可交易市场；⑥建立履约机制，如罚款。

下面，我们以碳排放交易体系为例来说明此类制度是如何设计和运行的：

第一步，政府依据碳排放总量控制要求设定可供分配的许可排放总量（cap）。这种许可排放量通常称为配额（permits）。但在不同的交易体系中，配额的叫法往往不同。在欧盟碳排放交易体系（EU ETS）中，可供交易的配额叫做欧洲配额单位（European Union allowances，EUAs）。在加州碳交易体系中，配额称为加州碳配额（California carbon allowances）。在新西兰的碳交易体系中，称为新西兰配额（New Zealand units）。在澳大利亚的碳交易体系中，则称为澳洲配额（Australian units）。

第二步，将配额按照一定的方式分配给纳入交易体系的各个法定主体。分配方式有无偿分配和有偿分配两种。无偿分配也有许多方式，如祖父原则（grand-fathering）、绩效原则（bench-marking）等。有偿分配通常采用拍卖法（auction）。

第三步，到了履约期（通常为一年），企业依据实际碳排放情况决定是售出或购买配额来实现履约。

与其他政策工具相比较，总量—交易型的碳排放交易体系具有一系列的政策优势：

首先，该体系能实现排放总量控制目标，保证纳入交易体系的企业实际碳排放总量不超过区域碳排放总量控制目标。在图2-1中，假设市场中有 A 和 B 两家产出规模相同的企业，按照平均绩效原则进行初始配额分配，两家企业获得的初始配额均为 P。又假设企业 A 技术较为先进，并且持续开展技术创新，到履约期实际碳排放量为 P'，结余的配额量为 R。而企业 B 技术较为落后，也未开展技术改造，实际的碳排放量必然大于初始分配的配额量，变为 P''，因此，企业 B 必须从企业 A 购买配额量 R 才能实现履约。不难看出，企业 A 实现了减排，同时获得了出售配额 R 的相应经济收益。相反，企业 B 虽然未减排，但通过付出购买配额 R 的相应经济代价，也可实现履约。

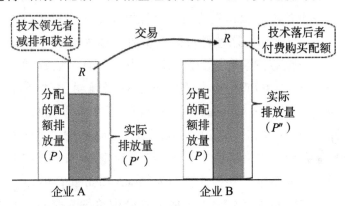

图 2-1　总量—交易型的许可交易示意图

交易的结果，市场中的配额总量没有发生变化，与政府最初设定的碳排放控制总量一致。

$$P' = P-R, \quad P'' = P+R$$

$$P + P = P' + P'' = P-R+P+R = P+P \qquad 2.1$$

其次，该体系能有效降低实现既定减排目标的社会总成本。在图 2-2 中，横轴 Q 代表排放量（或配额量），纵轴 P 代表配额价格，假设市场中有 A、B 两家生产同样产品、规模相同的企业。其中，企业 A 技术较为先进，其边际减排 MC_a 低于企业 B 的边际减排成本 MC_b，按照祖父原则进行初始配额分配，两家企业获得的初始配额相同，分别为 Q^a 和 Q^b（$Q^a = Q^b$），总配额量为 $Q^a + Q^b$。如果按照传统的管理手段，不允许配额进行交易，两家企业各自完成减排任务，则企业 A 的减排成本为面积 a，企业 B 的减排成本为面积 $b+c+d+e$，社会总减排成本为 $a+b+c+d+e$。如果允许企业之间的配额进行交易，按照成本有效原理，市场出清时的均衡配额价格为 P^*。由于企业 A 技术先进，边际减排成本较低，企业 A 可依托其先进技术继续减排至 Q^* 点，并可将富裕的额外配额（$Q^{a\prime} - Q^a$）按照市场出清价格 P^* 卖给企业 B，对于企业 A 来说，额外减排负担的成本为面积 b，总收益为面积 $b+d$，净收益为 $b+d-b$，即可获得面积 d 的净收益。同样，对于企业 B 来说，如果不自己减排，而从企业 A 购买富裕额外配额（$Q^{a\prime} - Q^a$），加上自己本身的减排量 $Q^{b\prime}$，也可完成履约任务。但是，企业实际的履约成本会降低面积 e。因此，从市场购买配额对企业 B 是划算的。不难看出，市场交易的结果，全社会负担的减排成本只有面积 $a+b+c$，而增加的社会福利为面积 $d+e$。

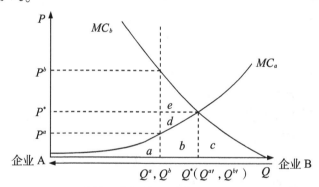

图 2-2　总量—交易模式下碳排放权交易示意图

最后，该体系具有绿色创新激励效应。保证了技术领先者既可实现减排，还可通过出售额外配额获利，避免了传统手段"鞭打快牛"的弊端，是一种具有"双赢效应"（win-win effect）的政策手段。这也是排放权交易受到经济学家极力推崇的原因。

当然，这项制度能否实施以及其实施后是否具有效率，关键在于其机制设计是否符合该体系运行的一些内在要求。斯塔文斯（Stavins，1995）认为，一个完整的总量和交易制度应包括以下八项要素：①总量目标；②排污许可；③分配机制；④市场界定；⑤市场运作；⑥监督与实施；⑦分配与政治性问题；⑧与现行法律及制度的整合。同样的，澳大利亚环境保护部门设计排污权交易制度时，将产品定义、市场参与者、排污权分配、运作管理、市场问题（交易机制和市场势力）等作为重点问题来关注（Gunasekera & Cornwell，1998）。

2.2.2 总量—交易型许可交易的运行

总量—交易型许可交易的运行包括分配、核查、合规与履约等重要环节。2012 年 5 月 25 日至 6 月 1 日，广东碳交易机制设计考察组一行在为期 7 天的欧盟碳交易考察调研过程中，先后调研和访谈了欧洲主要能源企业集团、第三方核证机构、交易监管机构、政府管理部门以及工业企业界代表，并与国际碳交易协会（IETA）、国际气候战略组织（Climate Strategies）的专家就企业层面的参与、能力建设以及排放数据的申报、审核、管理等问题进行研讨。这里，我们以 EU ETS 为例来简单说明该体系是如何运行的。

自 1997 年签订《京都议定书》以后，欧盟随即着手开展碳排放权交易的论证、研究及基础准备工作，并于 2005 年 2 月《京都议定书》生效后全面启动了碳排放权交易市场的建设工作。经过第一阶段（2005—2007）的探索与第二阶段（2008—2012）的完善，目前欧盟碳排放交易体系（EU ETS）已发展成为全球最完善、影响力最大的碳交易市场，企业的参与意识、能力建设以及监管的 MRV 能力等大为提升。

一是交易体系规模不断扩大，企业参与活跃。经过 10 多年的发展，EU ETS 建立了包括伦敦欧洲气候交易所（European Climate Exchange，ECX，承担 85%的交易）、巴黎蓝次（BlueNext）

碳交易市场、德国莱比锡欧洲能源交易所（European Energy Exchange，EEEX）和挪威奥斯陆的 Nordpol 交易所等主要交易场所，覆盖了 27 个成员国的 11500 个企业和设施的交易范围，以及包括现货交易和期货交易、配额交易和补偿交易（清洁发展机制（CDM）项目的核证减排量（CERs）和联合履约（JI）项目的减排单位（ERUs））在内的多种交易品种，有效活跃了交易市场。2011 年，EU ETS 交易规模超过 1200 亿美元，吸引了包括交易企业、金融机构、中间商、服务商等在内庞大市场交易群参与。

二是交易覆盖范围不断扩大，企业参与意识不断增强。目前，EU ETS 的交易范围涵盖了包括能源供应（电力、供暖和蒸汽，内燃机功率在 20 兆瓦以上）、石油提炼部门、钢铁、建筑材料（水泥、石灰、玻璃）、纸浆和造纸等五大部门的 11500 个企业和设施，交易企业和设施的碳排放量占欧盟总排放量的 50%。2009 年 1 月，欧盟第 2008/101/EC 指令正式宣布将从 2012 年起把航空业纳入欧盟的碳排放交易权系统，并将包括与欧盟有飞行业务的非欧盟航空运营商。全球 4000 多家航空公司被强制纳入，所有在欧盟境内飞行的航空公司的碳排放量将受限，超出部分必须掏钱购买。虽然该法案反对声音较大，但欧盟仍于 2012 年 1 月 1 日强制推行了该法案。

三是企业的相关能力建设水平大为提升。经过近 8 年的宣传、准备以及长达 7 年共二期的交易实践，参与企业对政府的规制与要求以及相关程序和技术导则基本熟悉，普遍建立了对接交易合规性要求的管理规范，配备了相关部门、人员与设施，许多企业（例如中石油伦敦分公司）还建立了直接参与碳交易二级期货市场的碳资产管理与运营部门，有效提高了企业应对配额价格剧烈波动的抗风险能力。

四是促进了企业碳减排成本的降低以及竞争力的提升。调研中，据政府部门介绍和企业反映，参与碳交易对于企业的竞争力有较大提升，这主要得益于碳交易政策实施促进了企业的非效率（X-inefficiency）改进、减排成本的降低（最高下降达30%）、更多投资于绿色技术以及绿色市场份额的扩大。

（1）立法

欧盟以稳固企业政策预期水平为出发点，法规先行。EU ETS 的法律体系由欧盟指令、管制细则、指导和各成员国国内相关法律法规组成。围绕碳交易，欧盟早在 2003 年 10 月 13 日就批准了《欧盟温室气体排放交易指令》，也是世界上第一个具有公法拘束力的温室气体总量控制的排放权交易规定，这一机制具体涉及实施范围、许可与配额、履约、监测、汇报和核实、国家注册、暂时退出、联营、不可抗力等。在总结第一期的经验教训后，欧洲议会于 2009 年 4 月又通过了新修订的指令，法规更有针对性。由于欧盟立法实施必须通过成员国以国内立法的形式来贯彻，所以成员国制定的相关规定也成为欧盟 EU ETS 法规体系的重要组成部分。鉴于各成员国之间以及成员国内部差异性较大，欧盟鼓励各成员国以相关指令为基础，制定更有针对性、符合地区特点的规定和措施。正是在这些明确而具有区域特色政策的指引下，参与企业才从战略和操作层面进行了管理和生产经营的调适性转变。

强调可操作性和针对性是欧盟碳交易政策的一大特色。围绕碳交易，欧盟及各成员国制定了大量的实施细则、操作指引和技术导则，并予以全部公开，让企业提前知晓，尽早准备。企业不需要投入太多的时间和人力，就能基本掌握相关政策规定和操作程序。目前，欧盟碳交易相关的法规和指引，包括了数十项规定和数百项细则、手册、操作指南，规定十分详尽、明细且非常容易在相关网站上获取相关信息，真正做到了有规可循、有据可依。

在政策实施方面，欧盟十分强调系统和有序推进。碳交易推出之前，欧盟提早开展了相关的技术准备和体系建设，包括碳排查程序、碳核算方法学、审计和核证技术导则、数据库建设、第三方审计机构建设等，可谓"三军未动，粮草先行"。

（2）总量与分配

EU ETS 对成员国设置排放限额，各国排放限额之和不超过《京都议定书》承诺的排放量。排放配额的分配综合考虑成员国的历史排放、预测排放和排放标准等因素。各成员国再按一定的方法将本国的许可排放配额总量分配给相关排放主体。在欧盟，最基础的排放主体单元为设施（installation）。这一点，不同于目前我国许多交易体系将企业作为基础排放单元的做法。将设施作为基础排放单元的主要好处是：①边界清晰，设施往往为一个生产单一产品的工厂，或一套工艺流程，乃至一条生产线，容易计量和核查，不会产生重复或遗漏排放的情况。同时，一些与生产不发生直接联系活动，比如配套性服务（如车辆排放、办公空调排放等），也容易分清楚。②政策成本低，由于一个企业往往有许多分公司、工厂、基地，会生产多种产品，而且工艺往往差异较大。企业发生兼并、重组、破产、新建等生产行为是经常发生的，如果按企业来分配、核查和履约，需要经常发生变动，既给企业增加负担，也不利于管理。

（3）核查

即建立 MRV 体系。MRV 由监测（monitoring）、报告（reporting）和核查（Verification）三大部分组成，其运行依赖相关的方法学和第三方核查机构。MRV 的核查流程见图 2-3。

碳交易的前提是排放数据的真实可靠，否则，交易信用体系会崩溃。欧盟将企业的合规性作为规范碳市场的核心，十分重视 MRV 体系建设。欧盟借助其发达的社会中介服务体系，推出了企业自报、第三方审计与政府核查相结合的排放与数据监管办法。概况起来，欧盟 MRV 体系建设具有几大特点。

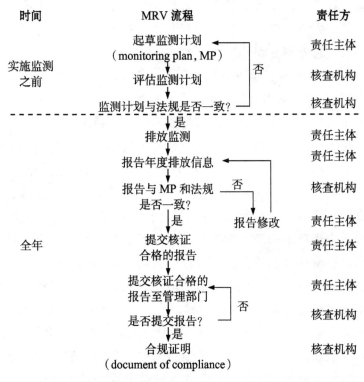

图 2-3　EU ETS 的 MRV 流程图

第一，企业按照一定的程序和方法学进行排放数据的统计与报告。在第一期开展之初，政府对企业排放数据的掌握十分有限。但经历第一期的自报、核查与规范后，第二期政府和监管部门对企业数据有了较为准确的掌握。欧盟排放交易体系试运行时，工厂和设施层次上的二氧化碳排放数据非常缺乏，许多成员国的排放配额只能根据估计发放给企业，由此导致配额发放过多、市场价格大幅波动等诸多问题。但欧盟利用三年试验期，不断地收集、修正相关的碳排放数据，现已建立了庞大的能支持欧盟决策的企业和设施碳排放数据库。以实验期的一些代价换来了政府和第三方机构与企业形成合作互动的局面，有效提升了数据可信度。这些重要教训和经验，是欧盟敢于在第三期于全欧盟层面实现统一的碳排放报告、核证和监管制度的重要前提。调研发现，企业普遍认为其合规过程较为简单，因为有大量的第三方服务机构可帮助企业进行数据计算与报告编写，并且费用也不高，这有点类似于中国开展 CDM 市场的情形。

第二，委托第三方有资质的核证机构对企业报告进行核证。由于欧盟各经济主体的能源消费、商品交易活动记录较为完备，以及税收、会计、审计等制度较为健全，可以通过碳排放数据和生产活动数据的相互佐证，来规范企业上报排放数据行为，同时也降低了核查的难度，这也是欧盟探索建立与美国二氧化硫政府主导核查体系不同的前提。以英国为例，目前有包括毕马威（KPMG）咨询公司等在内近 10 家第三方审计机构开展对企业的碳审计与核证工作。英国对审计机构要求极严，其资格认定由英国环境和农业事务部授权的英国认证事务局（UKAC）负责。一旦发现认证作假，审计机构和企业将面临巨额罚款乃至吊销执照，以及终生资格禁止等处罚。

第三，充分利用信息和互联网技术，建立电子化的数据上报、核证与监管体系。

以英国为例，企业年度的环境报告、配额管理、储存、转让、第三方机构的核证报告，以及监管部门开展数据核证、监管，均是在电子信息系统上完成的。据英国环境署介绍，站在管理者的角度，提高企业的合规性，需要注意以下几点：一是建立标准的许可与报告格式，这有助于提高报告和数据的一致性和互换性，也有利于提高管理效率；二是电子报告系统有助于确保数据的可靠、安全（机密性），更重要的是，有助于企业、核证机构和监管者开展自动核查工作；三是应当实现政策实施、使用方便和成本效率之间的有效平衡，不能因过于强调数据可靠而导致程序繁琐、成本太高；四是电子数据系统必须具有多样性，设置不同权限，对不同用户设置不同能力要求，尤其应当注意的是，不必要求每一个操作者都需要掌握全部流程和技术；最后，必须强化对排放报告的跟踪核查，确保数据和信息真实、可靠，这也是整个碳排放权交易体系运作的关键。

关于排放数据系统，英国的做法是：建立两套数据系统，一套为 MRV 系统（监测、报告、核证系统）——ETSWAP 系统，一套为注册登记系统——Greta Registry 系统。ETSWAP 系统包括配额管理、年度报告、核证报告等，主要由管理部门、监管者、参与企业、核证企业等使用，目前有 1000 多个机构和 500 个航空企业的信息。Greta Registry 系统的内容包括储存（Banking）数据、账户信息、交易信息等，它不是一个交易平台，主要用户为监管者、参与企业、交易者、交易所等。两套系统是互通的，Greta Registry 系统与交易所对接。值得一提的是，监管者十分重视信息的公开与透明，在英国环境署的网站上，可以找到与碳交易相关的几乎所有信息，包括法规、要求、流程、手册、指南、表格、方法学等，并且其操作界面友好、简单，适用性极强。

（4）合规与履约

严格的管理措施及惩罚机制是保证企业合规的重要前提。在英国，碳交易的监管分属不同部门和体系，与我国有点类似。排放监管由英国能源与气候变化部（DECC）授权的英国环境署

（Environmental Agency，EA）负责，审计监管由英国认证事务局（UKAC）负责，交易监管由金融监管部门负责。英国环境署的主要职能为排放监管、违规处罚、排放数据管理等。如果企业碳排放量超出所持有的配额，企业将遭受重罚。欧盟委员会规定，在试运行阶段，企业每超额排放 1 吨二氧化碳，将被处罚 40 欧元。在正式运行的第二阶段，罚款额提高至每吨 100 欧元，并且还要从次年的企业排放许可权中将该超额排放量扣除。值得一提的是，英国环境署不是中国语境中的政府部门，而是由政府授权的一个监管机构，有点类似于中国政府部门中负责执法、监管的机构，例如环保部下属事业单位性质的环境监察局。这一点对于将来我国设计碳交易管理体制和监管机制有重要的参考价值。

图 2-4 为欧盟企业合规和履约的流程图。

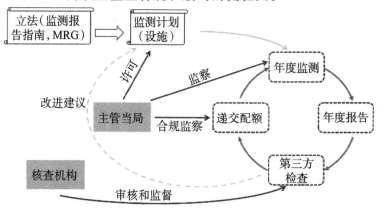

图 2-4　欧盟企业合规和履约的流程图

2.2.3　许可交易的几个关键环节

（1）减排战略与总量设置

总量与交易（cap and trade）是排放权交易制度运行的精髓。

配额总量为规制者对一个地区特定排放物的目标预设,取决于规制者对区域环境价值的评估以及对未来配额总量的预判。对于实施绝对碳减排战略的国家和地区来说,只要设定了总量减排的年度下降目标,配额总量是比较容易设定的。但是,对于一些实施相对碳减排战略(比如,中国目前实施的碳强度减排战略)的国家和地区来说,配额总量是与经济规模、经济质量相关联的,设定较为困难和复杂。如果配额总量不变或下降时,经济活动规模的扩大必然要求单位产出的排放强度下降更快。相反,区域配额总量增加,单位产出排放强度是否下降以及下降的速率取决于配额增速与经济增速的比值。当比值等于1时,单位产出的排放强度不变;比值大于1,排放强度增高;比值小于1,排放强度会下降。中国目前的碳排放控制策略是相对减排,即控制单位 GDP 的碳排放量。未来中国经济增长是可预期的,这意味着未来特定时期内中国的碳排放总量将会继续增加。

因此,在实施相对碳减排战略的国家和地区,对配额总量的理解与设定应做更多理解。如果配额总量不变,经济要实现增长,必须实现技术进步(技术效应),并进行结构调整(结构效应),这符合目前发展中国家经济转型的战略要求。然而,在政策的实际操作中,问题可能会非常复杂。

配额总量适度增加的制度设计,应重点关注配额跨期管理、配额缩减比例和产业配额总量设置三大问题:①配额跨期管理。主要涉及市场新进者的准入成本。显然,将配额全部分配给市场在位者,由于只有通过向在位者购买才能获得市场准入,新进者的门槛成本将极高。如果所有产业的配额总量设置不与国家产业结构大方向结合起来,则新产业的成长空间将受到限制。因此,依据目前国情,建议采用总量分置与增量分步扩容的模式。所谓总量分置,即将地区或行业的碳排放总量划分为存量和增量两大部分，将某一基准年（历史碳排放核准截止时间）之前碳排放量作为存量，基准年之后新增设施（如新增企业、新增锅炉等）的碳排放量作为增量。将存量按一定方法分配至各排放源。对于增量，应设定高准入门槛，一律按高基准线（如单位产出的能耗量或碳排放量）要求进行配额计算，迫使新进者采用更高的技术。所谓增量分步扩容，即借鉴股市扩容原理，分期分批将部分新增量纳入总量与交易体系。未纳入交易体系的增量一律不准进行配额交易，但可鼓励开展项目交易。为防止增量扩容过快造成对配额价格的冲击，可适当控制增量扩容规律与速度。②配额缩减比例。对于已分配并可交易的配额，应按照国家节能降碳的目标要求，定期对企业所拥有的碳配额总量进行缩减。③产业配额总量设置。应对产业结构的规模比例变化进行科学预测，并结合国家转型升级和产业结构调整的大方向，逐步提高资源消耗性产业、能源消耗型产业的配额总量缩减比例，实现碳交易与产业结构调整的有机统一。

（2）公平视野下的配额初始分配

初始排放权分配本质上属于权利的界定，根据科斯定理，不存在交易成本的情况下，产权的初始界定方式不会影响交易效率。蒙哥马利（Montgomery，1972）通过排放权许可证交易市场模型，证明了在完全竞争市场下，排放权市场能够实现竞争均衡并且社会减排总成本最小，排放权的初始分配与最终分配无关。换句话说，无论怎样分配初始权，只要不存在交易成本，市场最终仍是有效率的。然而，现实世界总是会存在交易成本。更为重要的是，权利分配涉及到社会福利的重新配置，关乎社会公平，是一个重大的社会与政治问题。分配不当或不公，会严重影响到交易效率（Hahn，1984；Misiolek & Elder，1989；Stavins，1995）。

目前，碳排放权的分配方式主要有免费分配（free allocation）和拍卖（auction）两种。免费分配即管理当局按照一定标准与规则将碳排放配额无偿配置给排放源。免费分配又有两种规则：即祖父法则（grand-fathering）和标杆法则（bench-marking）。祖父法则借用了罗尔斯的正义与公平原则，将程序公平作为制度公平的优先选项，主要根据历史产量或碳排放量作为分配原则。标杆法则可视为一种改进的祖父法则，通常以地区或行业平均绩效标准作为依据进行分配。免费分配不额外施加成本，对企业和经济的扰动小，制度执行成本较低，容易得到企业的拥护，往往成为首选的法则（Franciosi et al., 1993）。例如，美国的二氧化硫排污交易、EU ETS、RGGI 等体系均主要选用免费分配为主的方式。但是，免费分配的一些缺点也往往被学者所诟病（Franciosi et al., 1993; Frommand & Hansjurgens, 1996; Sijm et al., 2007），主要的原因包括：首先，免费分配不符合污染者付费的原则；其次，祖父法则使得排放量较大的企业获得较高的配额，对于积极减排的企业是一种负向激励；再次，潜在厂商需经市场获得排放权，提高了新近者的进入壁垒；另外，将碳排放权无偿配置给企业，而公众并没有获得相应补偿，从社会整体的角度来看有失公平（林坦、宁俊飞，2011）。

拍卖分配即要求企业通过拍卖竞价的方式获得碳排放权。虽然拍卖增加了企业成本，但能够激励企业技术创新（Hahn & Axtell, 1995）。拍卖所获还可以用于公共环境的治理和改善。同时，拍卖可形成碳排放权拍卖市场，其市场出清价格可以为参与者提供长期的价格信号（Sijm et al., 2007）。但是，由于拍卖法增加了企业成本，往往阻力较大，对建立新市场不利。一些研究者（Sijm et al., 2007; Cramton & Kerr, 2002; Fischer et al., 2003）从经济效率、环保有效性、政治可接受性、创新驱动等方面对免费分配和拍卖方式进行了比较，认为两种方法各有优劣。实际情况是，免费分配在排放权交易体系形成之初常被使用以减少各种阻力。而随着市场的完善，拍卖所占的比重逐步扩大（林坦、宁俊飞，2011）。例如，EU ETS 在第一期只允许拍卖 5% 的排放许可，其他部分免费分配。在 2013 年开始的第三期，电力行业将全面推行拍卖（见表 2-1）。美国二氧化硫排污权交易制度中无偿分配量占初始分配总量的 97.2%。

表 2-1　EU ETS 碳排放交易市场发展路径

主要内容	第一阶段（2005—2007）	第二阶段（2008—2012）	第三阶段（2013—2020）
参与行业	能源、钢铁、水泥、造纸等行业	扩展到航空、化学制造、食品制造等多个部门。航空业 2012 年 1 月纳入 EU ETS	进一步扩展到石油化工、制铝业等行业
减排目标	无明确目标	比 2005 年减排 6.5%	比 2005 年减排 21%
排放权	免费分配	90% 免费分配，10% 拍卖	电力行业全面拍卖
罚款	40 欧元/吨	100 欧元/吨	暂未规定
温室气体	仅 CO_2	CO_2 等六种温室气体	六种温室气体
碳金融	不得跨期储存或借贷	可跨期储存，不可跨期借贷	可跨期储存，不可跨期借贷

资料来源：部分数据引林坦，宁俊飞. 基于零和 DEA 模型的欧盟国家碳排放权分配效率研究 [J]. 数量经济技术经济研究，2011，28（3）：36-50；

部分数据引自：Ziesing, H, Introduction and experience sharing of phase Ⅰ, Ⅱ and Ⅲ allocation plan of EU ETS, 广东省工业行业碳排放交易研讨会，2013.2.27-2013.3.1, 中国广州。

因此，在一些排放权交易市场试行的地区，初始配额分配建议采取免费为主（基准法）、拍卖为辅的原则，具体比例应借鉴利益相关者原理，广泛征求社会各界尤其是企业的意见。以电厂为例,可采用如下分配方法:先确定免费分配的配额总量,然后计算基准年所有排放源的平均排放绩效(例如,单位电力的碳排放),再按排放源基准年的电力生产规模分配一定的碳排放配额。

对于市场新进者(包括新上项目)配额分配,应兼顾公平与效率。其配额分配除前面述及的按高基准线计算配额需求外,还应采取拍卖与免费结合的方式。比如,50%由拍卖或购买获得,50%免费获得。

(3)多头治理下的管理体制协调

体制英文为"system",主要与组织的静态权力结构有关。比如,行政管理体制涉及的主要是行政管理权力的配置结构及其相关制度规定。行政组织静态权力的动态运行需要相应的运行机制(mechanism)来保障。否则,将出现权力的空档与重叠。

行政权力的配置结构及其相关制度规定与行政效率的高低密切相关。许多研究认为,条块分割与多头管理是造成导致我国目前行政效率低下、"制度性内耗"严重的主要体制原因。在企业层面,原料和能源投入、生产工艺设计与管理、废物的排放与处理等属于一个有机统一的整体,但由于我国的市场化改革推进缓慢,不仅对微观经济主体规制过严,而且将有机管理联系的经济活动人为切割为若干环节和领域,并分派多个管理主体来规制。在缺乏权力动态运行有效机制来协调的情况下,容易导致"九龙治水"和"九龙污水"并存的局面。一方面,每项规制活动涉及规则制定、实施、监督、处罚等流程,各规制主体为实现规制任务,必然具有无限扩充规制资源(例如,机构、人力、经费、权限等)的内在动力,容易导致机构臃肿。另一方面,微观经济活动具有难以完全分割的内在有机联系,多个规制主体的存在,规制重叠现象难以避免。由于规制主体天然具有自身收益最大化的理性动机，自然地，当某项规制活动对规制主体有利时，将出现规制主体争权行为发生；相反，当规制活动对规制主体不利时，将出现"规制真空"现象，发生相互推诿行为。这些均是"规制失效"的现实表现。

目前，在我国省级以下地方层面（部分直辖市和单列市除外），节能减排降碳分属经贸、环保和发改三个部门管理，经贸部门分管节能降耗，环保部门分管排污治污，发改部门推进低碳建设。此外，科技、建设、规划、国土、质检、审计、林业等部门还涉及相关活动的管理（图2-5）。

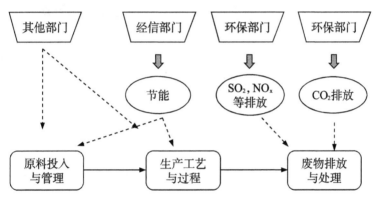

图2-5　生产与排放的管理架构

一套体系涉及多个规制主体，"规制失效"自然难以避免。从目前碳排放权交易试点情况看，由组织静态权力结构配置不合理导致的体制性障碍普遍存在，尤其是信息收集、监管执法、技术标准、第三方审计管理等问题亟待解决：①信息收集。企业微观碳排放信息的收集，环保和经贸部门拥有较大优势。环保系统经过几十年的能力建设，现场核查、在线监测等微观信息收集能力较强。经信部门一直主抓能源管理，尤其是"十一五"推行节能减排政策以来，其能源计量、监测等能力有了较大提高。相反，发改部门一直主抓项目管理，微观碳排放信息的收集能力极为缺乏。本来，碳排放信息与资源投入、能源消耗、排放工艺等信息的相关度较高，如对环保和经信部门赋予碳信息收集职能，其成本要比发改部门自身建设要低得多。但由于部门分割，目前发改部门不得不投入大量资源进行碳信息收集能力建设，导致行政资源的重复与浪费。②监管执法。监管与执法是保证碳市场健康运行的根本，由于发改部门没有相应监察权力与机构，现有法律赋予发改部门的监管执法权力极为有限。相反，环保和经信部门均拥有监察机构和监督处罚权力，只要进行适当的权力赋予，即可实现监管执法资源的有效整合和利用。③技术标准。碳排放信息的来源包括计算与测量，这些均涉及相关技术标准（即技术方法学）。目前，我国实施的是统一管理与分工负责相结合的技术标准管理体制。即质量监督部门负责统一管理，相关行政部门和行业协会分工管理。历史上，发改部门一直缺乏技术标准管理职能，由于缺乏宏观系统设计，碳排放技术标准的制定与认可目前仍为灰色区域，各试点地区的做法可谓五花八门，有的自行制定为部门标准，有的委托质检部门制定，这为将来建立全国统一的碳市场埋下了管理隐患。④第三方认证管理。核证工作是碳排放权交易体系运行不可或缺的环节，也是保证碳信息真实可靠的制度性保证。英国对核证机构要求极严，其资格认定由英国环境和农业事务部授权的英国认证事务局（UKAC）负责。目前，国家认证认可监督管理局为我国官方认证管理机构，但国家尚未授予其碳排放核证的管理职能。地方层面的碳审计管理由于缺乏政策依据，各地只有临时由发改部门进行推动，发改部门在技术资源、管理资源、执法资源等方面均较为匮乏，难以承担相应的职能，较难满足未来碳市场的相关要求（见图2-6）。

　　借鉴国际经验，结合中国现有国情，在碳排放权交易制度建设过程中，解决多头治理下的管理体制协调问题，应重点进行两大制度设计：①对行政权力进行科学合理的再配置。思路有二：其一，建议成立一个类似于省级碳排放权交易监督管理委员会的机构，赋予其组织和协调省级碳排放权交易的相关职能；其二，进行职能适当整合，将经信部门的节能职能与发改部门低碳职能进行整合，或者授予经信部门，或者授予发改部门。相关地区立法权赋予人大，部门立法权赋予一个主体，技术标准管理授权给质检部门，认证管理授权给认证认可监督管理部门。②尽快建立相关的运行机制，尤其是权力协调机制和信息收集共享机制。建议试点地区成立碳排放权交易领导小组，统一协调环保、经信、发改、质检、认证、林业等部门的权力配置和信息共享工作。

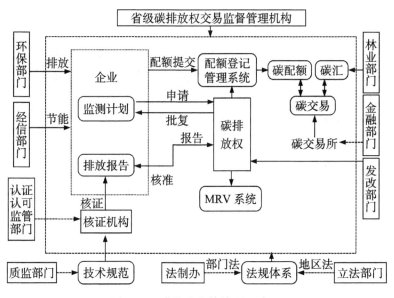

图 2-6　碳排放监管体制示意图

2.3 义务—证书型信用交易

白色证书交易、绿色证书交易、CDM 机制、节水量交易、节电量交易、节能量交易、降碳量交易等，是与总量—交易型许可交易不同的另一类交易方式，并在实践中也得到了广泛应用。

值得一提的是，许多人往往将排污权交易等具有总量—交易型的许可交易体系与白色证书交易、绿色证书交易等义务—证书型的信用交易体系混为一谈，未能区分二者的本质性差异。

2.3.1 义务—证书型信用交易的构成

一般的，该体系由义务要求和证书交易体系（tradable certificate，TC）构成，也可以称之为义务—证书型机制（obligation and certificate system，OAC），或者基准线—信用机制（baseline and credit）。义务在本质上是一种强制性的规制目标（mandated target），是政府为了实现某种政策目标（如节能、节电、推广新能源）而强加给责任主体的一种义务性要求（obligation），这种义务性要求可以是一定数量的节能量、节电量，也可以是一定比例的要求，如节电比例、绿色能源比例等。在欧洲的绿色证书机制中，义务要求为政府强制规定电力供应商每年提供的电力中可再生能源发电必须达到一定比例，称为可再生能源配额（Renewable Portfolios Standards，RPS）。因此，在学术界也有人把义务性要求称作为配额制。但是，由于在总量—交易型的许可交易体系中，总量往往是以配额数来量化的，并且可供交易的凭证也叫做配额，二者均叫配额，容易使人产生混淆。

证书是经权威组织鉴定认可后颁发的一种内含经济价值、代表某种行为结果（如节能量、节电量、绿色能源量）的权证，是一种可以在市场上流通且可以追踪的商品。本质上，证书是一种具有某种权利的信用权证。因此，笔者认为，在中文里称为信用交易更契合本意，也容易理解。

义务—证书型信用交易体系运行的机理为：责任主体可以选择自我采取措施来完成强制义务要求，也可以通过市场交易购买信用证书的方式进行补偿来完成义务目标。到了履约期，未完成配额任务的责任主体要受到惩罚。

2.3.2　许可交易与信用交易的比较

与许可交易主要是责任主体之间的交易不同，信用交易体系往往包含责任主体与非责任主体两大类。对于责任主体而言，需承担相应义务要求，而非责任主体不承担相应义务。但因为提供证书并参加交易具有经济激励，非责任主体也就构成了该体系的重要组成部分，这是该体系不同于总量与交易体系的最大特点。

在证书的核证与颁发过程中，必须遵循两大重要原则，即基准线（baseline）原则和额外性（additionality）原则。基准线是为了确定由于某些措施的实施而带来的真实行为结果，一般是将最终行为结果与没有采取额外措施的参考情况作比较而设定的，简单理解，就是采取某种措施的基准条件。额外性是对一种介入或干预结果的一种具体衡量。

下面，以白色证书为例解释基准线和额外性的关系。

白色证书的目的是证明某项活动所实际产生的节能量。因此，在图 2-7 中，项目在 T_0 时的能源活动水平（C^0）可以理解为该项目的基准线水平。通过某些具体的节能活动，该项目到 T_1 时能源消费水平下降为 C^1，实际减少的能源消费量为 $C^0 - C^1$，即为该项目的额外性水平。

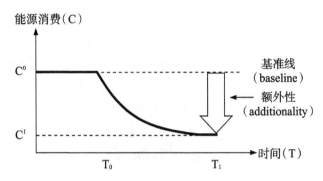

图 2-7 项目额外性示意图

与总量和交易体系中配额核算的范围以设施（facility）为边界不同，证书的核算范围边界一般为具体的项目（project）。表 2-2 为作者归纳的两大类交易的异同点。

表 2-2 总量—交易模式与义务—证书模式的比较

交易类型特点	总量—交易模式	义务—证书模式
1. 体系的构成	污染物排放总量或资源获取总量＋配额交易体系	义务性目标＋证书交易体系
2. 权利属性	配额为允许一定程度内可以实施某种行为的权力（如允许排放规定量 SO_2 的权力、允许捕捞规定量鱼的权力）。	义务为某种必须实施的行为（如完成规定的节能、节电、节水、提供绿色电力、提供绿色能源等义务）；证书为经核实的行为结果（如节能量、节碳量、绿色电力量等）。
3. 交易对象	一般是封闭的体系；交易对象为责任主体。	一般为开放的体系；交易对象为责任主体和非责任主体。
4. 交易范围	责任主体之间的交易；可跨行业交易；部分可跨国交易（如 EU ETS 体系、WCI 体系）。	责任主体之间、责任主体与非责任主体之间均可交易；可跨行业交易；JI 项目和 CDM 项目中 ERU、CER 可跨国交易。

续表

交易类型特点	总量—交易模式	义务—证书模式
5. 制度边界	以设施（facility）为边界。在中国目前试点的碳交易体系中，多数以企业为边界。	以具体的项目（project）为边界。
6. 交易标的物	由法规确定、政府或权威机构授予的一种许可（permit）。 ——EU ETS 中欧洲配额（EU Allowances）； ——美国二氧化硫交易体系中排放配额（emission permits）； ——加州碳交易体系中的加州碳配额(California Carbon Allowances)。	由核证机构核查颁发的一种内涵某种权益的信用证书（Certificate of credit）。 ——联合履约项目（Joint Implementation）产生的减排单位（emission reduction unit, ERU）； ——CDM 项目产生的核证减排量证书（Certified Emission Reduction Credits, CER）； ——美国上世纪 70—80 年代 SO_2 交易中的核证减排量（Emission Reduction Credits, ERC）； ——节能量交易中白色证书（white certificates）； ——可再生能源交易中的绿色证书（renewable energy certificates or credits, RECs）。

资料来源：作者依据相关文献整理总结。

2.3.3　义务—证书型信用交易的运行机理

下面，我们以白色证书交易为例，来说明该体系是如何运行的。

在白色证书交易体系中，责任主体需要完成政府指定的义务性节能目标，否则受到相应惩罚。责任主体的履约途径有：①自己实施节能项目；②与其他责任主体或非责任主体共同实施节能项目，并从中获取相应的节能量（类似于 JI 项目）；③从节能市场购买白色证书。

白色证书交易的运行体系分为两大部分：一是节能义务（energy-saving obligations）；二是白色证书市场交易体系。节能义务由政府或监管机构确定节能目标，并将其按一定方式分配给责任主体。后者包括节能量核算、颁发白色证书、市场交易、成本回收和惩罚机制等一系列环节。见图2-8所示。

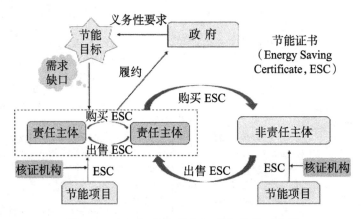

图2-8 白色证书（节能证书）交易示意图

2.4 两大交易类型的链接与互补

正如为提高环境管理绩效将环境政策工具往往组合使用一样，两大交易体系也不是相互割裂的，而是相互融合与互补。在实践中，最为典型的案例属于《京都议定书》所创设的三大机制：议定书第六条确立的联合履约机制（Joint imp Iementation，JI）、第十二条确立的清洁发展机制（Clean Development Mechanism，CDM）和第十七条确立的排放交易机制（Emission Trading，ET）。

JI机制即允许缔约方中的附件1国家（多数为发达国家）之

间通过项目级的合作，实现温室气体减排。具体思路是：附件1国家的某企业为了实现减排任务，可以在减排成本较低的另一附件1国家开展排放减排项目（emission reduction project），也称为联合履约项目（joint implementation project），项目所产生的减排单位（Emission Reduction Units，ERUs），可以转让给项目所在国，并作为所在国完成履约减排任务的凭据。为了避免重复计算，项目转让方所转让的 ERU 额度，必须从项目转让方所在国或地区的分配配额（Assigned Amount Units，AAUs）中扣减。显然，JI 机制的目的是实现低成本减排。因此，项目转让方往往是附件1国家中的发达国家，而项目所在国往往是那些经济转型（economies in transition）国家，如俄罗斯、乌克兰等国家往往成为 JI 项目的目的地。

与 JI 机制不是，CDM 机制是附件1国家与附件2国家之间的项目合作。简单地说，CDM 机制允许附件1国家的投资者在附件2国家实施有利于该国家可持续发展的减排项目，从而减少温室气体排放量，从而履行附件1国家在《京都议定书》中所承诺的限排或减排义务。CDM 机制所产生项目减排量称为核证减排量（Certified Emission Reduction units，CERs）。

ET 机制即大家所熟知的总量—交易型许可交易，只允许在附件1国家之间交易。

图 2-9 为《京都议定书》三个灵活机制之间的互补与融合关系图。

事实上，一项具体的政策工具，往往只在一定范围或领域内有效，不可能成为"包治百病"政策良方。即使是目前较为热门的总量—交易型碳排放交易，也有一定范围限制。从全社会、全产业链的角度看，需要多种工具配合使用，才能发挥政策合力。下面，我们以电力行业为例来做简要的说明。

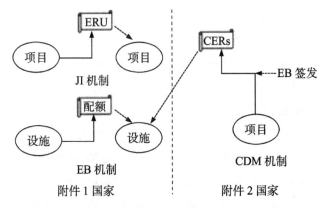

图 2-9 《京都议定书》三个机制的互补与融合

图 2-10 显示,电力行业全产业链包括电力生产、电力传输、电力销售、电力消费、电力消费服务等主要环节。由于产业链各环节的产业组织结构、产业集中度、生产和服务方式迥异,用一种政策工具来规制全产业链,必然会产生规制失灵现象。但如果同时采用多种政策工具,又会产生"双重规制"(double regulation)问题。

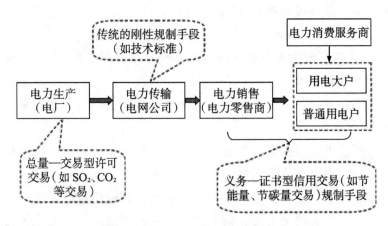

图 2-10 电力行业全产业链规制工具的互补

电力生产环节既有充分竞争，生产单位规模也较大，同时设施边界清晰，采用总量—交易型的许可交易，监管容易，政策实施成本低。国际上的碳交易、二氧化硫交易、氮氧化物交易等，往往选择这类行业作为责任主体。

电力传输环节属于自然垄断行业，为了避免重复的基础设施建设，保持适度垄断比放开竞争，总的社会成本会更低。因此，输电商和配电商保持着天然的垄断性，理论上几乎没有最小化成本的积极性，采用市场化的手段规制困难较大。同时，电力传输与终端的电力消费者没有直接联系，难以实施义务—证书型的信用交易。宜采用传统的刚性手段，如技术标准。

国际上，实行电力传输与销售服务实行"网运分离"是通行的模式。电力销售商既有充分竞争，与终端用户又保持着千丝万缕的联系，同时，还有众多的电力销售服务商（如合同能源管理公司），采用总量—交易型的许可交易容易产生规制成本过高的风险，而采用义务—证书型的信用交易（如节能量、节碳量交易），则可以取得明显的政策效果。由于终端用户众多，规模较小，将减碳、节能等政策要求强加给终端电力用户，政策阻力较大。同时，也难以进行义务分解，政策实施和监管成本太高。而电力零售商（包括用电大户）通过改变生产工艺和服务流程可以取得明显的节能减碳效果，加之其对终端用户的消费行为最为了解，让其承担相应的义务要求，成为责任主体，既可激励电力零售商自身节能减碳。同时，也可调动其帮助终端用户实施节能减碳的积极性。终端用户、电力消费服务商作为非责任主体，其节能减碳空间大，通过出售证书可获得相应的收益，参与交易的积极性较高。

2.5　小结

　　总量—交易型的许可交易和义务—证书型的信用交易是资源环境产权交易的两种基本模式，它们在体系的设计机制和运行机理上存在着一定的差异，并各有优势，从而能够服务于不同的政策目的。从实践来看，两种交易体系均得到了广泛的应用，并且在诸如温室气体减排等领域实现了链接和互补。

3 资源环境产权交易的实践

20 世纪 70 年代之后，资源环境产权交易在实践中开始得到越来越广泛的应用。据 OECD 在 1999 年的一份调研报告，当时世界上已经有 9 个大气污染物交易、75 个渔业捕捞权交易、8 个水污染交易与 5 个土地使用控制交易。如今，排污权交易已经成为美国等一些国家大气污染控制的重要方式，全球有 10% 的渔业已经通过捕捞权交易的方式加以管理，而碳交易则成为控制温室气体排放最为重要的政策工具。另外，水权交易、节能证书交易、可再生能源证书交易等也已经在一些区域普及。本章主要介绍主要资源环境产权交易体系的发展和运行情况。

3.1 渔业捕捞权交易

基于产权的海洋渔业捕捞政策体系主要有三种：即限制性准入渔业许可(limited entry permits)、可转让渔业配额(Individial Transferable Quota，ITQ)、社区渔业（community fishing）（黄季伸，2009）。其中，ITQ 应用较为普遍，属于典型的总量—交易型许可交易体系。

3.1.1 渔业管理体系的历史和渔业捕捞权体系的建立

渔业资源的可持续发展是长期存在的难题。早在 19 世纪

50 年代以前，印第安人就已经深刻地洞察到渔业资源的流动性、再生性对资源使用者的影响，并建立了足以使当代的渔业经济能够持续发展的制度安排（罗伯特·希格斯，1982）。但是，这些传统习俗并没有延续下来。20 世纪中叶，海洋渔业资源的过度捕捞成为世界性问题，包括鱼类种群退化、渔获物质量下降、捕捞成本提高和渔民贫困等问题不断恶化。另外，在权利未能得到明确划分或充分界定的海域中，捕鱼活动往往引发武力冲突。过度捕捞主要根源于现代造船技术和渔业捕捞技术的快速发展和人口增长，出于利益驱动，渔民过度投资于渔船、渔网和其他捕鱼设备，并延长捕鱼作业时间，从而出现"太多的渔船追逐太少的鱼"现象。为了解决渔业危机，对渔业资源进行更为合理的开发，全球性组织和重要渔业国不断探索新的管理方式。其中，清晰界定捕捞权以及允许捕捞权的可交易性成为管理方式改革的重要内容。

从渔业管理制度的变迁来看，主要经历了如下几个阶段：

第一阶段：捕捞限制。典型的是休渔制度，19 世纪初芬兰开始使用休渔制度来保护大麻鱼，1899 年澳大利亚运用最低可捕标准限制来保护西部龙虾，1900 年新西兰也采用了该措施来保护笛绸，1908 年澳大利亚采用该措施来保护塔斯马尼亚扇贝。

第二阶段：投入式渔业管理模式，也可称为间接控制制度，即通过控制和减少捕捞能力来间接控制过度捕捞。主要是采用许可证捕捞、禁渔期和禁渔区、渔具规格、最低可捕标准、网目尺寸等规定，来限制和调节捕捞努力量。1927 年加拿大为养护太平洋大麻哈鱼采用了渔具渔法管理，1940 年美国在其大比目鱼渔业和美洲黄道蟹渔业中也运用了相应的限制措施。但 20 世纪 50—70 年代各主要渔业国的实践表明，这种以政府刚性管理为主的渔业资源管理制度不能有效地控制捕捞努力量的持续增长，渔业资源继续衰退。

第三阶段：总量控制的管理模式（total allowable capacity, TAC）。随着渔业生物学的发展，研究者基于最优规划的思路，提出来一些用于计算一年内可以捕捞的鱼量，在捕捞达到这一鱼量之后，就不能再进行捕捞了。但由于它仍然允许渔民在总可捕量被用完之前自由进入渔业，即使总可捕量已经被固定，只要捕捞更大的可捕量份额可以获得超过捕捞成本的收入，个别渔民和捕捞公司就会有充分的投资动机，通过购买或建造更大、装备更先进的渔船以及采用更加有效的捕捞技术，以获得更大的可捕量份额。

第四阶段：个体捕捞配额制度（Individual Fishing Quota, IQ）。即将确定的总可捕量分配给所有渔民，给予每一捕捞单元（可以是渔民、渔船主、渔船或渔业企业等）在确定的时期和指定的水域内获得捕捞总可捕量中一定份额的权利。

在个体捕捞配额的基础上，一些地方发展出了可交易的配额制度，即 ITQ，区别主要是后者允许个别渔业生产单位在法律许可范围内自由买卖、租出或租用配额，其目的是使配额所有者能够更加灵活地安排捕捞作业活动。这样，渔民或渔业企业不会为了获得短期上更有力的捕捞能力而盲目地增船、加网或雇佣更多的劳动力，而将按获得的配额来合理规划渔业生产所需的资金和设备的投入，以便能以最低成本且具有最佳经济效益的生产方式来用完其获得的配额。因此，ITQ 避免了渔业生产的过度资本化，减少了渔民或渔业企业在捕捞能力上的竞争。

目前，实施 IQ 的国家有加拿大、挪威、瑞典、比利时、爱尔兰等国家，而实施 ITQ 的国家有美国、冰岛、澳大利亚和新西兰等国家，大约覆盖了 170 种鱼类。从发展的动向看，今后实施 IQ 和 ITQ 制度的国家将会增加，各国实施 IQ 和 ITQ 管理的渔业也会增加。但是，也有一些国家，如日本，严格限制渔业权的转让，《日本渔业法》第二十五条规定"前条渔业权……除强制执行外，非经主管机关核准，不得让与。"

3.1.2　ITQ 制度的基本情况

（1）冰岛

冰岛是世界上最早实施个体可转让配额制度的国家。由于长期的滥捕，冰岛近海的渔业资源不断衰退，1976 年冰岛首先在鲱（Herring）渔业中建立了个体渔船配额（Individual Vessel Quotas，IVQ）制度，但不允许配额持有人之间进行交易。1979 年，冰岛开始允许持有人转让配额。此后，又相继在毛鳞鱼（capelin）、龙虾（lobster）、扇贝（scallops）等渔业中实施了 ITQ。至 1991 年，冰岛的渔业管理中已全面推行了 ITQ。

伴随 ITQ 的实施，冰岛的渔业捕捞强度得到了有效控制。1997 年的渔船数量比 1991 年下降了 25%，渔船总载重量也维持在 12 万吨左右的水平，从而使渔业资源得到了较好的养护。

冰岛的 ITQ 制度主要包括以下五大要点：

①冰岛国家海洋研究所每年都进行资源评估，向渔业部建议每种鱼在每个配额年的总可捕量；

②冰岛渔业部综合考虑决定最终的总可捕量。考虑经济和就业因素，最初渔业部决定的配额与生物学家们建议的配额有一定的差距，近年来这种偏差已经逐步减少；

③渔业部根据每艘渔船过去三年的历史渔获情况永久性的分配给每艘渔船一个捕捞份额，该船的每个捕捞年度或季节的渔获配额就是所分得的捕捞份额乘以部长决定的总可捕量；

④船东可以像处理其私有财产一样，任意分割其拥有的捕捞份额和年度渔获配额，在配额交易所买卖出租；

表 3-1　冰岛渔业捕捞权交易制度的发展

1965 年，近海虾和扇贝使用捕捞许可证管理和捕捞配额。
1969 年，总可捕捞量限制应用于鲱鱼。
1972—1974 年，采取鲱鱼捕捞权限捕政策。
1973 年，对龙虾捕捞采取配额制度。
1975 年，7 个近海虾捕捞区建立；将鲱鱼的总可捕捞量划分为个体渔船配额（individual vessel quotas，IVQ）加以管理。
1976 年，颁布了一个特别渔业法案，赋予渔业部限制渔业准入的权力；对大部分海底鱼类实施最大可捕捞量限制政策。
1977 年，对个体渔船的海底鱼类捕捞实施天数限制。
1979 年，鲱鱼的 IVQs 实现可交易。
1980 年，IVQs 应用于小海鱼，并限制其它渔船捕捞小海鱼。
1984 年，对龙虾实施许可和 IVQs 制度；在海底鱼类中普遍实施 ITQ 制度。所有捕捞能力大于 10GRT 的渔船都根据 1981—1983 年的平均可捕捞量分配配额，每年根据船体捕捞能力分配的配额可以转让，但是部分按比例分配的配额不能进行交易。
1985—1990 年，对海底渔业的捕捞能力实施限制。到 1988 年，不再允许捕捞能力在 10GRT 以上的新船只进入。1990 年，不再允许捕捞能力在 6GRT 的新船只进入。
1986 年，小海鱼的 IVQ 可交易。
1988 年，深海虾类使用 ITQ 制度管制。90%以上的渔业已经实施 ITQ 制度。
1990 年，《渔业管理法》通过，所有捕捞能力在 6GRT 以上的渔船和重要的渔业品种应用统一的 ITQ 制度加以管理。所有的配额都实现可交易。
1993 年，最高法庭决定对 ITQ 转让行为，按照财产权转让进行征税。
1995 年，指定了捕捞法，设定鳕鱼的总可捕捞量为可捕捞生物量的 25%。
1998 年，Atlanto-Scandian 地区鲱鱼采取 ITQ 制度；建立了捕捞权配额交易所，除了同一所有者不同渔船之间的转让外，所有的配额都必须在交易所中进行。
2000 年，最高法院指定规则，认定没有许可的捕捞属于违法，这为 ITQ 制度巩固了法律基础。

资料来源：Xinshan L. Implementation of individual transferable quota system in fisheries management：The case of the Icelandic fisheries［J］. Final Project. Dalian Fisheries University, China，2000.

⑤所有渔船都应填写捕捞日志,渔政局的渔政检查员和海岸警备队负责海上监管,与港口当局负责上岸渔获物的同级监管,每个港口都和渔政局信息中心联网,核查每艘渔船完成渔获配额情况。(刘新山,2010:304)

目前,冰岛的渔业资源基本保持在健康的开发状态,这与其成功地实施 ITQ 管理体制有直接关系。

(2)新西兰

1945 年,新西兰修订了 1908 年的渔业法,该法中新西兰政府采纳了调查委员会的建议,在 3 海里内的近岸渔业区正式引入捕捞许可证等投入控制制度,用以保护近岸渔业资源并控制捕捞努力量。为了应对政府的这一管理制度,渔民通过捕捞技术革新(采用冷藏技术、回声定位技术、先进的信息通信技术,更新渔船装备等)来扩大捕捞范围,提高捕捞能力。20 世纪 50 年代后期,业内人士一致认为,过去几十年间的捕捞行为受到了过度的限制,以至于渔业资源无法得到有效的利用。到了 60 年代初期,新西兰主要的国际海产品市场(澳大利亚)出现萎缩现象,无法给新政府提供更多的外汇收入。针对这一事件,1961 年新西兰成立了一个特别委员会,主要讨论如何更加有效的利用渔业资源。他们认为应该废除限制新西兰渔业产业发展的许可证制度。1977 年,新西兰引入了总商业可捕量制度,用于管理那些遭到过度捕捞的深海渔业和其他渔业管理区。但是,进入 80 年代之后,人们强烈地意识到,渔业管理体系已经导致了渔业的过度投资和过度捕捞,近岸主要经济鱼种特别是甲鱼渔业遭到了致命的打击,不能再继续执行。过多的捕捞压力导致了资源量的骤减、捕捞努力量的过剩和渔民收益的降低,投入控制的局限性暴露出来。政府开始严格限制渔民对深海鱼种和近岸高经济价值鱼种(如甲鱼类和唇指䱵)的捕捞,对这些渔业品种建立并分配捕捞权，并结合其他的措施（如限制捕捞规格、方法、区域和品种）对受到资源枯竭威胁的鱼种加以管理。

1983 年，新西兰首次将个别可转让配额制度引入到大西洋胸棘鲷（orange roughy）渔业管理中，自 1986 年起，颁布了《渔业法修正案》，全面实施此项制度。渔业生产者们对这一配额管理体系表示支持，因为他们希望这一管理制度的实施能给他们带来长期的经济效益。在这一管理体系下，总可捕量是可以根据资源量进行调整的，而且渔民可以根据配额大小选择更加合理的捕捞时间、捕捞船具和设备等。发展至今，新西兰已经约有 2/3 以上的商业性鱼种为"个体可转让配额"制度所涵盖。研究表明，20 世纪 80 年代之后，新西兰近海资源量开始逐渐恢复并增加。

（3）秘鲁

1992 年，世界银行将 ITQ 管理模式推荐给秘鲁政府，得到了秘鲁政府的认可。

秘鲁的做法是，由秘鲁渔业研究的权威机构——秘鲁海洋研究所（Instituto del Mar del Peru）确定可捕捞总量，作为分配的基础；每艘渔船的配额由分配给该船只的可捕捞总量（TAC）的系数乘以由秘鲁海洋研究所确定的当季可捕捞总量计算确定。分配标准一般以 5 年期中最好年份的捕获量计算，这对船东很有利。秘鲁要求所有参与 ITQ 制度的渔船，都强制性安装追踪装置，即监听控制和监视系统（MCS），虽然安装 MCS 对"海盗"船队来说是一笔很大的投入，但这保证了两种类型的捕捞渔船在平等环境下竞争。

政府对违规行为实施严厉的惩罚措施，并处理了一批违法行为。如超额捕捞、谎报捕捞量等。对超额捕捞者，采取将其配额减少、超额捕捞部分三倍的处罚；对谎报捕捞量者处以 3 至 6 年徒刑，并可处以 180 天到 360 天的罚款（在秘鲁的司法体系中，一天的罚款等同于罪犯一天的收入）。此外，政府为防范船东抵制渔业补偿基金，保障基金的稳定来源，对不缴纳渔业补偿基金的船东制定了如不批准开航等处罚措施。

（4）美国和加拿大的社区捕捞配额（Community Fishing Quotas, CFQs）

社区配额制度与一般的 ITQ 制度并无实质区别，只是分配的对象为特定社区。这主要是美国和加拿大等国家为了照顾特定的社区所建立的。社区配额制度的起因是，由于现代渔业的发展，甚至是由于 ITQ 制度的实施使一些小渔村被边缘化了，导致了较为严重的社会和经济问题。因此，渔业管理部门通过把捕捞和加工渔船上以及水产品加工厂内的工作岗位优先安排给当地居民的方式来帮助这些社区。与一般的 ITQ 制度不同，社区配额制度将社区就业机会作为首要目标，为当地居民提供了各种教育和培训机会。

社区配额制度最早起源于美国，它是为阿拉斯加特别建立的渔业管理制度。联邦政府为了保护较贫困的阿拉斯加州沿岸渔村的利益，每年从不同鱼种的 TACs 中保留 5%～20%的配额分配给该州沿岸小区或村庄。拥有该配额的渔船可不受普通船作业时段的限制，且有更多作业区域的自由。CFQ 具有扶贫性质，小区可雇用渔船生产，也可以出让配额，获得的收益用于支持社区发展，以提高这些社区的生活水平。（庄庆达、陈诗璋，1999 年）

加拿大大西洋沿岸的 Scotia-Fundy 地区也采用社区配额这一管理形式，主要是由于当地一部分小型作业渔民和沿海社区反对采用个别可转让配额制度。第一个采用社区配额的例子发生在 1995 年，当时有关各方达成了一个协议，同意将总可捕量的一部分分配给当地的一个地理社区，由它自己决定如何分配这部分配额，而不是像当地其它社区那样采用个别可转让配额制度。

3.2　水权交易

3.2.1　水权及水权交易

水与土地一样，与人类活动密切相关。因此，水权有着丰厚的历史渊源。一般认为，水权，也称水资源产权，是水资源所有权、使用权、处置权以及经营权等与水资源相关的一组权利的总称。

较早关于水权的界定，可以追溯到英国的普通法和 1804 年《拿破仑法典》。从法理演变看，水权界定可以分成两大类：一是私有水权学说，二是公共水权学说。以地表水法为例，私有水权学说又可以分成两种基本学说：河岸学说（riparian doctrine）和占有学说（appropriation doetrine）。（沈满洪，2004）

河岸学说也称河岸原则，最初起源于英国的普通法和 1804年拿破仑法典，后在美国的东部地区得到发展，成为现行国际上水法的基础理论之一，目前仍是英国、法国、加拿大和美国东部等水资源丰富的国家和地区水法规和水管理的基础。河岸学说的核心是水权与地权关联，必须拥有河岸的土地，才拥有从河流引水的权力。

占有学说的思想源于罗马法和日尔曼法（刘得宽，2002）。一般认为，民法上的占有制度，在法制沿革上源自罗马法上的占有与日尔曼法上的占有，但这两者各有其不同特点及社会功能。罗马法上的占有制度是以占有诉权为中心，其功能在于保护占有事实，以达到维护社会和平与现有秩序的目的。日尔曼法上的占有使用"Gewere"一词，占有与所有权并未严格区分，占有不仅是一种事实，而且是一种物权，即对占有的保护也就是对权利的保护。水权的占有思想较早从南欧发展起来，美国各干旱州的立法机关对水权也采用了占有学说。

我国台湾学者陈明健在讨论水权制度的沿革时指出，水权制度演变经历了几个阶段：第一阶段是绝对所有权制度，以河岸权利为主；第二阶段是合理所有权制度，即让所有和水资源相连邻接的土地都有共同的用水权利；第三阶段是相关权利原则，即水权的分配应考虑水的供求状况，当供不应求时所有水岸的地主都应该减少用水以共渡难关，当供过于求时多余的水量应该供给那些非水岸的相关土地进行使用；第四阶段是优先使用原则。即水权与地权完全分开，用水的权利要经由另外的申办手续才能取得，尊重先完成手续者先取得水权，后来者则水权登记在后（沈满洪，2004：16）。占用学说取代河岸学说是"水法的革命"。水资源越稀缺，占用原则的使用就越广。

水权交易最早发生在实行占先权制度的美国西部地区，如加利福尼亚、新墨西哥等州。具体做法是允许优先占有水权者在市场上出售富余水量。除了美国的西部地区外，智利和墨西哥也分别于1973年和1992年开始实行水权交易制度。

水权交易的快速发展是在20世纪70年代之后，主要盛行于美国西部、澳大利亚、智利和墨西哥等国家和地区。其中，澳大利亚建立了世界上最为发达的水权交易体系。进入21世纪，世界银行等国际机构开始提倡在缺水地区建立正式的或非正式的水权交易市场以促进水资源的优化配置，并指出，为使市场有效，应当控制交易成本。要控制交易成本，就必须建立相应的组织和政策性的机制，还要有相应的基础设施和管理。世界银行还指出，如果一时难以建立立法上可行的永久水权，建立现货水市场（spot market）和应急市场（contingent market）对保证用水有重要的作用。一些国家已经或正在响应世界银行的新水资源管理建议，如斯里兰卡、菲律宾和印尼提高和扩大了水用户协会在水资源管理中的权限。许多国家尤其是那些缺水国家也正在讨论和准备实行这种制度。

无论水权交易的发育程度和各国的政策环境如何不同，这些国家或地区建立水权交易的目的都是为了提高各部门的用水效率，在水资源管理中保护和实现自然资源的持续利用，减少巨额财政负担，强化国家的水资源政策及增强资源分配中的灵活性和反映能力（Rosegrant & Sche-leyer，1994）。

水权的发展有如下特点：

一是水权交易制度与水资源的稀缺度紧密相关。水权交易发达的地区，主要包括：长期用水供需失衡（美国科罗拉多、犹他州）、连续干旱严重（美国加州、澳大利亚）、也有出于用水效率的考虑（智利和墨西哥）。比如，虽然 1979 年美国加州就出台了系列法律来推动水权交易，但在 20 世纪 80 年代，参与交易的水量很小，只占到全州总用水量的大约 0.5%。1988 年后，加州经历了持续 6 年的干旱，水权交易才进入了快车道。一些地方随着用水危机问题的解决，水权交易制度也废除，比如加州采取的水银行制度在 1994 年之后就不再执行。

二是交易形态不断发生变化。水权交易形态的发展趋势是由短期交易（季节或年度租赁）扩大为永久性交易，而交易的形式也从附着于土地转变为独立的商品，且交易范围日益放宽。比如，智利为了发展水权交易，把用水权与所有权和土地使用权区分开来，从而使水交易不受限制，水权可以通过自由谈判的价格销售给任何人，不管他们用于何种目的，水权同样可以用作贷款抵押。

三是水权交易市场通常在两个层次上运作，第一种即农业灌溉区内用水者之间（同一水区内）的交易，如灌区之间或灌区内部农民之间的交易，水权交易前后不改变水资源用途的交易。这种水权交易由于并不改变水的用途，管制相对较松，甚至不需要向有关部门进行申报；另外一种是农业用水者与都市用水者之间（不同水区内）的交易，向政府部门申报水权交易是政府干预水权市场、防止水权交易造成对第三者和环境等潜在负面影响的十分有效和常用的办法。仅通过这两种交易所获利益就相当可观。德克萨斯州的水权交易往往从农业流向市政，因为市政用水收益明显大于农业用水。

3.2.2　美国的水权交易

美国是较早探索水权交易的国家之一。美国东部实行河岸权制度，水资源的再分配由水行政主管部门或法院实施。而西部实行占先权制度，主要通过水权市场实现水资源的再分配，因此美国的水权交易主要发生在西部。美国的《优先占用法》确定的主要规则有：①先占用者有优先使用权；②有益用途，即水的使用不能损害他人的利益；③不用即作废。

早在1859年，加州法院就肯定了水权交易的合法性，拥有优先权的用户可以向比他的优先使用次序落后的用水户出售用水权，次序比较靠后的用户也可以向次序较前的用户购买用水权。但是，美国西部的水权交易在19世纪及其后的很长一段时间发展缓慢，并没有形成规模，成文法也相当滞后。即使是较早探索双全交易的加州，也只在经历了1977年干旱之后才逐渐有所发展。1988年后，加州经历了持续6年的干旱，水权交易实践才进入了快车道。1991 年 2 月，加州成立了"旱季水银行"（Drought Water Bank）以求进一步提高用水效率和水资源再分配的科学性，应对水危机。20 世纪 90 年代后，随着沿岸权许可制度的实施，东部一些地区的水权交易实践也开始逐步发展起来。

美国目前具有的水权交易形式多样，包括水权转换、水银行租赁、干旱年份特权、优先权放弃协议、用水置换、临时性再分配、退水买卖、捆绑式买卖等。

（1）水权转换

水权转换是指水权受让人为出让人的用水设施改造提供资金或其他对价，作为交换，出让人将自己节余水量的使用权转让给受让人。

（2）枯水银行

1991 年美国加利福尼亚州（简称加州）建立了枯水银行（California Drought Water Bank），除美国加州外，科罗拉多州、新墨西哥州和德克萨斯州等地也都建立了水银行。枯水银行或水银行是一种买卖中介制度，通过租赁或转卖将水资源由需求度较低的主体转给需求度更高的主体。水银行是一个类似于金融银行的中间机构，它从拥有多余水权的用水户购买、租赁水权，并将其出租或出售给需要用水的主体。一旦遭遇枯水期，枯水银行就可以在短时间内收集到全部用水需求信息，通过各水权持有者自发地买卖水权解决用水问题，将淡水资源分配的社会效益最大化。通过水银行进行的水权交易一般都属于短期交易，并附有时间限制。期限届满，水权配置又回复到初始状态。

（3）水股票

一些交易体系也采取了一些创新性的做法，来实现水权分配更加符合水资源情况的变化。比如，在美国加州于 2007 年 7

月所建立的水权交易制度中，在 1989 年水法框架内引进了统一的新方法——水股票。在土地登记制度中作为土地所有者被承认拥有土地所有权的人的水权可自动转换为水股票，取水许可转换为水股票时，管理机构须将作为用水许可所有者登记的人视为水股票的所有者。为应对水权作为商品的不确定性而特别设置了以下两种水股票：一是高确定性水股票（High-reliability Water Share）。凡与灌溉农地紧密结合在一起的（即有土地担保的）水权，每 100 毫升水权可转换为 100 毫升水股票。但旱灾情况除外，如果遭遇旱灾后水源水（或贮藏水）减少 50%，即使 100 毫升的高确定性水股票也只能分得 50 毫升的水。二是低确定性水股票（Low-reliability Water Share）。即暂时从水权市场调剂出来的水，可转换为任何形式的权利。在该交易体系中，由于河流或遇旱灾或逢丰水期，实际上每 100 毫升水权每年究竟能兑换多少用水是不确定的，影响同一水权各年不同得水量的因素有：灌溉区域所处不同的地理位置、河流的情况、当年水量是否丰沛等。例如，2008 年 100 毫升水股票在不同地区兑换的水量不尽相同。在 A 灌溉区兑换 48 毫升，在 B 灌溉区是 56 毫升，而在 C 灌溉区则为零。通过这种方式，实际上是设置了一个不断动态调整的水资源使用总量限制，而该总量变化与水资源丰裕程度的变化直接相关。

（4）干旱年份特权与优先权放弃协议

干旱年份特权和优先权放弃协议都发生在城市与农场主或灌区之间。干旱年份特权指城市在支付了约定的价金后，遇到干旱年份时享有优先利用灌溉用水的特权。根据协议，城市支付价金，作为对价，农场主或灌区在干旱时放弃灌溉水权以保证城市用水。干旱年份特权协议在美国加州、犹他州应用较为广泛。优先权放弃协议指用水优先级别较高的用水户同意在干旱时将其用水优先级别置于一项原优先级别较低的水权之下，对方支付价金或其他经济利益的协议。实质上，优先权放弃协议中买卖双方交易的是优先日，而不是各自的水权。

（5）用水置换

在西部的一些州，如犹他、科罗拉多、爱达荷、俄勒冈等州还允许进行用水置换。当先占优先权人的水权不能满足需求，或者权利人希望更好地保护、利用水资源时，在经过水行政主管部门同意并且其水权处分行为不会对其他水权人的利益造成损害的前提下，该水权人可以与其他水权人进行水权交换，转而从对方取水的另一水源地（包括河流或地下水）取用、储存一定量的水，这就是用水置换。通过用水置换，可以减少水的远距离输送量，降低损耗。用水置换这种水权交易形式只适用于实行先占优先权的州，在科罗拉多应用较为普遍。

（6）临时性再分配

临时性再分配指附有有效期限（一般不超过1年）的水权交易。当有效期限届满时，水权分配格局又恢复到交易发生前的状态。由于水权交易主要发生在水资源短缺的地区，对于生态环境和其他水权的行使影响比较大，所以法律限制也比较严格。临时性再分配需要经水行政主管部门的审查批准，在不同的州，水行政主管部门审查批准的条件和程序也有所差别。在新墨西哥州，只要水权受让人的用水方式和地点属于有益用水，并且其用水对其他水权人的损害程度不大于原水权人，经州水行政主管部门批准，出让人可以将其水权全部或部分地让与他人行使。在爱达荷州，水权人可以将用水资格进行短期（1年以内）出让。在怀俄明州，只有原来属于消耗性用水的水权才可以进行临时性转让，并且受让方只能将受让的水用于高速公路、铁路路基建设等临时性用水项目。

（7）退水买卖

退水指引自地下或地表水体，经过家庭、市政、工业利用后仍可用于其他目的或经过处理后可以用于其他用途的水。

（8）捆绑式买卖

为了防止水权交易中的投机行为，美国一些西部州采用"附从规则"对水权交易加以限制。根据"附从规则"，对于为特定土地利用而设定的水权，法律视其为该土地的附属物，在当事人无明确约定的情况下，水权随土地的转让、租赁、继承而转移；对于可以与土地相分离而出让的水权，受让人所继受水权的优先日视为水权转让协议生效之日（王小军，2011：120-126）。

水权交易是在美国水资源管理法律实践中逐渐探索形成的。由于水权交易存在对交易双方尤其是对出让方所在地的环境、经济和社会发展会产生重大影响。因此，为了减少和避免水权交易的外部性，美国许多州对水权交易实行严格的行政审批制度，政府部门从环境影响、对其他水权人的影响等几个方面对水权交易进行严格审查。

3.2.3 智利的水权交易

智利水权制度经历了较大变迁。1855 年民法规定水属于私人所有。1967 年宪法修正案规定水资源是为公共使用的国家财产，水权不能被私人买卖，制约了水权交易的发展。1981 年智利水利法（Codigo De Aguas）颁布承认私人可拥有水权后，水权交易市场才逐步发育起来。

智利水权制度有二大特征：一是政府承认水权是私人财产，它与土地所有权相分离并得到政府保证。水权作为财产权可做不动产登记，可以自由买卖、抵押、继承、交易和转让，可在同种或异种的水利用中心进行交易。二是大力抑制国家权限，申请买卖水权是完全自由的，不需要所谓"正当理由"，也没有优先顺序。

由于智利1981年水法规定水权与土地所有权的可分离，交易的结果产生了一些没有水权的土地，导致某些地区农地的生产力下降。因此，水权交易往往只发生于水利设施比较完善、测量转移流水量比较容易的地区。同时，一些大型水力发电企业对水权实行垄断，冲击了水权市场。针对上述问题，2005年，智利修改完善了水法的相关内容，对持有水权但不使用的人或机构课征"对未使用水权的课税"。同时，取得水权需要有正当理由（陈虹，2012）。

智利交易水权的方式主要有两种：买卖和租赁。买卖方式比例不高，多是小农户水权集中向大农户的转移，农业用水向城市用水的转移。租赁方式较多。由于办理水权的法定手续比较繁杂，确权容易连带抬高土地价格，导致土地税也会随之增加。因此，多数水权在习惯上没有登记。因此每到枯水期，一些供水企业就向农户租赁水权而不是买进水权。在智利首都圈北部，水权的租赁费用为三个月内每秒立方米为90~120美元。

3.2.4 澳大利亚的水权交易

澳大利亚是世界上仅次于南极大陆的干旱地区，这是促成其探索水权交易的原因之一。澳大利亚早期实行河岸权制度，后来通过立法，将水权与土地所有权分离，明确水资源是公共资源，归州政府所有，由州政府调整和分配水权，为水权制度建立奠定了法律基础。

早在20世纪80年代，新南威尔士州就开始探索水资源调配权的交易。澳大利亚最初创立的水权并不完善，因它既未与地权分离又排除了灌溉团体即农业生产者之外的人参与。在联邦政府的大力推动下，经多次修订后法律进一步充实了对水权定义：在澳大利亚各州或相当于州一级的行政区域内非农业生产者或个人也可持有且可买卖的水权。从1994年起，联邦政务院（COAG）批准了水改革框架方案，推行了包括鼓励水权交易，尤其是流域中跨州永久水权交易等多项改革。目前，已有六个州公布了关于水权交易的法律法规，其中有五个州推行了水权交易。

在澳大利亚，州际水权交易必须得到两个州水权管理当局的批准，交易的限制条件包括保护环境和保证其他取水者受到的影响达到最小。流域委员会还会根据交易情况调整各州的水分配封顶线，以确保整个流域的取水量没有增加。州政府在水交易中起着非常重要的作用，包括：提供基本的法律和法规框架，建立有效的产权和水权制度，保证水交易不会对第三方产生负面影响；建立用水和环境影响的科学与技术标准，规定环境流量；规定严格的监测制度并向社会公众发布信息；规范私营代理机构的权限。等等。

澳大利亚现有的水权交易包括州际交易、州内交易、永久性交易、临时性交易等形式，转让期限有1年、5年和10年等。目前澳大利亚有约30种类型的水权交易。大部分的水权交易发生在农户之间，也有小部分发生在农户与供水管理机构之间。其中，永久性交易比例低，大部分属于临时性交易。交易的途径主要包括私人交易、水经纪人和水交易所等（安新代和殷会娟，2007）。

3.3 污染物排放权交易

随着环境问题的日益严峻以及为了更好协调环境与发展的关系，如何利用市场手段尤其是产权交易手段来低成本控制污

染成为环境管理创新的发展方向。自 1992 年里约热内卢环境与
发展大会后，污染物排放权交易制度（简称排污权交易制度）
作为环境管理的一种有效手段开始在世界范围内被广泛采用。
排污权交易制度首先被美国联邦环保局（EPA）于 20 世纪 70 年
代初在大气和水污染领域付诸实施，并取得较好效果。尔后，
德国、澳大利亚、加拿大、英国等国家也相继开展了排污权交
易制度的实践。德国、加拿大、英国都不同程度地借鉴了美国
排污权交易制度的做法。如澳大利亚的新南威尔士、维克多、
南澳州加入了由 Murray-Darling 流域委员会推行的共同开展盐
削减信用交易来解决流域盐化问题。加拿大为了控制酸雨和削
减臭氧层消耗物质推行了二氧化硫、氮氧化物以及氯氟烃交易。
此外，澳大利亚等在流域管理方面开展了水污染物排污交易。
总体来看，排污权交易制度已成为一些发达国家控制污染物排
放的重要措施。随着排污权市场的日趋扩大，相关的理论研究
也不断深入，有力推动了排污权交易的实践应用，政策绩效在
不断提高。今天，包括中国在内的许多发展中国家也积极推行
排污权交易。目前，一些主要的污染物，如化学需氧量、氨氮、
二氧化硫、氮氧化物等均成为排污权交易的重要标的物。鉴于
本丛书有二氧化硫交易、碳交易等的专门论述，这里以美国为
例，对相关内容只做简要介绍。美国排污权交易制度的建立较
早，并且与其污染排放形势密切相关。20 世纪 70 年代美国国家
环保局（EPA）最初在大气领域（主要是二氧化硫排放控制）推
行，以后逐步扩展到水污染、汽油铅污染、机动车污染等控制
项目中。

3.3.1　空气污染物排放权交易

美国空气污染物排放权交易主要包括 20 世纪 70 年代在电

厂推行的二氧化硫补偿交易机制、80 年代初推行的铅淘汰计划、80 年代末期的减少臭氧层消耗物质计划、90 年代初开展的"酸雨计划"，以及 90 年代加州地区推行的区域清洁空气激励市场（regional clean air incentives market，RECLAIM）。其中，比较成功的是铅添加剂信用交易制度和二氧化硫排放权交易制度。

3.3.1.1 二氧化硫排放权交易制度

到上世纪中叶，美国的污染排放达到了峰值。由于工业发达、机动车快速增长，酸雨频发，大气污染极为严重。50 年代爆发的洛杉矶光化学烟雾事件成为世界八大公害事件之一。仅 1950—1951 年，美国因大气污染造成的损失就达 15 亿美元。1955 年，因呼吸系统衰竭死亡的 65 岁以上的老人达 400 多人。直到 70 年代，许多城市大气污染形势仍十分严峻。1970 年，约有 75%以上的市民因大气污染患上了红眼病。酸雨在当时被定义为 pH 值小于 5.6 的大气降水。酸雨的产生，主要与矿物燃料燃烧的排放气体（如二氧化硫（SO_2）、氮氧化物（NOx））有关。酸雨造成的危害极大，遍及全球，给地球生态环境和人类社会经济都带来严重的影响和破坏，还直接危害人类的健康。为了对大气污染进行控制，美国于 1969 年成立了直接由总统管辖的环境质量委员会，1970 年最后一天通过了《清洁空气法》修正案，同时制定了国家环境空气质量标准，1971 年 12 月成立了 EPA。与许多国家类似，美国早期的环境管理以刚性的命令与控制手段为主，例如，准入标准、排放标准、技术标准等。但是，"一刀切"式的环境管理，虽然能遏制污染排放增长的势头，也带来了一些经济问题。尤其是在污染总量控制目标下，许多工业新建项目难以立项。鉴于此，国家环保局（EPA）为缓解发展与环保的矛盾，在实现《清洁空气法》所规定的空气质量目标时提出了排污权交易的设想，引入了"排放削减信用"（Emissions Reduction Credits，ERC）这一概念。ERC 的设想是：如果污染源将污染物的实际排放水平削减到政府法定的水平以下，其差额部分经政府认证以后即成为污染物削减信用，其削减额度可以用于补偿新建项目或其他项目的需要。政府认证 ERC 的条件是：超额、可实施、持续、可计量。ERC 一旦认证以后，即可以在市场进行交易。不难看出，ERC 机制与目前的责任—证书型信用交易基本类似。1976 年末，EPA 颁布了《排污权解释规则》，推动建立了完善的 ERC 补偿体系：该政策允许企业在安装了污染控制设备、达到最低可达到排放率标准，并通过对该地区其他污染源的超额削减，该削减额能够补偿新污染源所增加排放的情况下，可建立新污染源。具体方式是：如果某个污染源（通常是发电机组）产生了减排量之后，就可以按照 EPA 规定的程序进行申请，由 EPA 确认后给其颁发相应的 ERC，用以抵消该企业相同额度的排放量。1977 年，EPA 正式将补偿机制纳入《清洁空气法》，ERC 补偿体系得到法律认可。经过不断摸索，最终建立了补偿（offset）、泡泡（bubble）、存储（banking）、容量结余（netting）四大核心机制。

（1）**补偿机制与"增产不增污"**

该措施是为了解决未达标地区的经济增长与逐步满足环境标准之间的矛盾而制定的。即允许拥有合法准入条件的新建或扩建污染源在未达标地区投入运营，但前提是必须从现有污染源购买富裕的 ERC，从而实现"增产不增污"。

（2）**泡泡机制与准总量控制**

即允许多个项目捆绑在一起，形成一个控排整体，即管控"泡泡"，只要"泡泡"内这些项目总的排放不超标，允许项目之间的 ERC 相互补偿。这实际上具有总量—交易型许可交易机制的雏形。

（3）容量结余机制与增减平衡补偿

这实际上是把一个企业（或工厂）当做一个小的"泡泡"来处理，只要小"泡泡"不超标，企业内或厂内也允许相互补偿。当然，这项政策专门针对那些拟扩建或改建的污染源制定的。由于美国当时对新建、改建或扩建项目比既有污染源的审查要求较高，只要企业内或厂内有结余的 ERC 可以补偿改建或扩建的污染源排放量，新建或扩建项目则可免于承担满足新污染源审查要求的负担。

（4）存储机制与跨期补偿

如果说前面三项机制是实现空间上的排放平衡补偿的话，存储机制实际上是时间上的排放平衡补偿。这项政策允许污染源将富余的 ERC 进行储存，以备将来使用或在适当的时候出售、获益。1979 年，EPA 通过了储蓄政策，并将银行计划和规划制定权下放到各州，各州有权自行制定本州的银行计划和规划。自 1980 年来，美国环保局共批准了 20 多个排污银行，这些银行大多提供登记服务和市场咨询，并帮助实现交易撮合，在排污权交易中发挥了重要作用。一般认为，从 20 世纪 70 年代到美国 1990 年的《清洁空气法》修正案颁布这段时期为美国大气排污权实践的第一阶段。历史地看，虽然第一阶段排污权交易机制不甚完整，也只在美国部分地区进行，交易量少，而且补偿价格要比预计的低，预期效果不十分明显。但是推行排污权交易计划极大地提高企业了对新政策的认同度，参与度较高，政策实施的可行性高，为后来全面实施排污权交易奠定了基础。

在总结过去 10 多年 ERC 补偿交易的基础上，1990 年的《清洁空气法》修正案正式提出了符合现代排污权交易要求的规定，从初始排放配额分配，到配额许可的获得、交易，受影响污染源的范围、监测要求、超许可排放的处罚等，制定了一套完整的可操作性规定。《清洁空气法》第四章，也称《酸雨计划》，其核心就是建立在市场机制上的二氧化硫总量控制和排污权交易。

第二阶段排污权交易的对象主要集中于二氧化硫（SO_2），主要在全国范围的电力行业实施，并制定了明确的法律依据和详细的实施方案，是迄今为止最广泛的、也是备受赞许的排污权交易实践。后来在其他领域推行的氮氧化物（NOx）交易、铅污染交易、化学需氧量（COD）等排放交易，乃至后来全球几大著名的碳排放交易体系，如芝加哥气候交易体系、EU ETS、RGGI、WCI 等，均参考借鉴了美国 SO_2 排污权交易实践的经验。

美国"酸雨计划"的目标之一是到 2010 年 SO_2 年排放量比 1980 年的排放水平减少 1000 万吨。计划明确规定，通过在电力行业实施 SO_2 总量—交易型的许可交易政策来实现这一目标。在此体系中，排污许可的初始分配有 3 种形式：无偿分配、拍卖和奖励。其中，无偿分配是初始分配的主要渠道。同时，为了保证新建的排放源获得必须的许可证，"酸雨计划"中特别授权 EPA 从每年的初始许可分配总量中专门保留部分许可作为特别储备进行拍卖。另外，还设立了两个专门的许可储备，用于奖励企业的某些减排行为。

为了确保排放许可和 SO_2 排放量的对应关系，EPA 对交易体系的参与主体每年进行一次许可的审核和调整，检查各排污单位当年的子账户中是否持有足够的许可用于 SO_2 排放。若不足，实行惩罚；若有剩余，则将余额转移至企业的次年子账户或普通账户。这方面，主要是通过建立排污跟踪系统、年度调整系统和许可证跟踪系统来进行审核和跟踪。美国的排污权交易取得了积极而显著的效果，特别是在实施 SO_2 排污交易政策之后更为突出：1978—1998 年，美国空气中 SO_2 浓度下降了 53%，1990—2000 年，SO_2 排放量下降了 25%。在经济效益方面，根据 EPA 估算，1970—1990 年执行和遵守《清洁空气法》的直接成本为 6890 亿美元，而直接收益高达 22 万亿美元（李佳慧，2014）。美国的 SO_2 排污权交易实践表明，完善的法律制度、多样的交易主体和中介机构、多元化的许可证分配方式、完备的监督管理体制以及对市场规律的尊重，对于排污权交易的实施至关重要。

3.3.1.2 汽油铅添加剂交易机制（lead trading program）

受电厂推行 SO_2 补偿交易机制的启示，美国于 20 世纪 80 年代初开始探索汽油铅添加剂交易机制的设计与实践。为有效降低汽油中铅添加剂的水平，政府提出了各炼油厂必须在规定日期前将汽油含铅量削减到原有水平 10%的义务性要求。1982 年，EPA 给各炼油厂发放了一定量的"铅权"，允许企业在淘汰期之前的过渡期内使用一定数量的铅。企业如果提前完成淘汰任务，就可以将自己富余的"铅权"出售给其他的炼油厂。在这种政策激励下，炼油厂会尽快削减铅含量，因为提前削减可以省出"铅权"来出售。另外一些企业买到"铅权"后就可以用来达到淘汰限期的要求，甚至在设备出故障时，也可以用买到的"铅权"达标。而不需要像以往一样，花费大量精力为淘汰期限是否合理而争执。为了促进新旧制度的有效衔接，EPA 还于 1985 年建立了"铅银行"制度，直到 1987 年 12 月 31 日铅淘汰计划完成才终止。

汽油铅添加剂交易机制取得了较大成功。该计划推行以来，交易行为十分活跃，企业间交易的次数远远高于早期 SO_2 排污权交易中的表现。1985 年，全美超过半数的炼油厂都参与了交易。（黄文君、田莎莎、王慧，2013）。

3.3.1.3 美国 RECLAIM 交易体系

RECLAIM 是美国针对"南方沿海空气质量管理区"（The South Coast Air Management District，SCAQMD）建立的二氧化硫和氮氧化物排污权交易体系，该管理区覆盖 30000 平方公里的土地，1400 万人口，是美国空气污染的重灾区与重要的空气污染控制区，也是全美国环境法规实施最为严格的地区。

1991 年，SCAQMD 制定了控制质量管理计划（AQMP），设定了非常严格的空气质量控制标准，但该计划遭到了业界的强烈反对，并表达了对创新环境政策、应用市场激励政策的强烈诉求。因此，政府提出的排污权交易计划很快得到了产业界的支持。RECLAIM 项目最终于 1993 年 10 月通过立法，并于 1994 年 1 月开始实施。RECLAIM 交易体系主要规制的对象是 NO_x 和 SO_2，政府目标是到 2003 年，NO_x 的排放量减少 28%，SO_2 排放量减少 35%。2003 年之后，维持不变。该项目于 1994—2003 年实施，初期纳入了 394 个排放源，包括 392 个 NO_x 排放源与 41 个 SO_2 排放源。排放源类型包括 SCAQMD 内的大型电厂、炼化厂、水泥厂以及其它工业排放源。管理部门对企业的排放配额实行年度结算，届时企业拥有的配额（含初始分配的配额和净买入的配额）不得低于与实际排放对应的配额需要，否则将面临严厉处罚。

RECLAIM 应用的是经过修正的绩效法，免费分配初始配额。分配公式是：

设施的配额数量 = 设施的历史能源消费 × 根据合理可行控制技术确定的排放系数

排放源的历史能源消费数据可以在 1989—1992 年间选择排放最多的年份来确定，作为该排放源在 1994—2000 年的排放基数。1994 年，RECLAIM 管理方将 1994—2010 年各年度的配额全部分配给企业，所有的配额都是一年有效，不准存储，主要是担心存储机制会导致对未来排放量的不可控性，甚至可能导致某一段时期排放量的迅速上升。后来，管制部门也提供了一些时间上的灵活性，包括允许配额的跨期交易和允许配额存储至下一年使用。

RECLAIM 对配额做了空间上的限制，它将污染控制区划分为内陆与沿海两个片区，由于整个地区的污染排放源呈现从内陆地区向沿海地区转移的趋势，为了控制这种局面，沿海地区企业仅可以买入分配给沿海地区企业的配额，但是内陆地区的企业则可以购买所有地区的配额，这就限制了污染源向沿海扩散的问题。

RECLAIM 对交易及配额变更情况的把握，主要也是依靠配额登记系统，要求所有的市场参与方都在该系统中开立账户，并要求所有的参与方在每一笔交易结束之后，必须在这个系统中进行登记。

与酸雨计划类似，RECLAIM 也强调应用连续排放监测系统（CEMS），但是不同类型排放源的监测设备要求是不同的。NO_x 排放源被分为四类：主要排放源、大型排放源、工业过程单元和设备。SO_2 排放源被分为三类：主要排放源、工业过程单元和设备。主要排放源都必须安装 CEMS。其它排放源可以安装比 CEMS 相对便宜的设备，在精度上要求也相对低一些。NO_x 大型排放源必需安装一种被称之为燃料流量测量仪的设备，也是一种连续过程监测的系统。工业过程单元和设备需要安装计时器或者燃料流速计，它们能够测量出该设施的能源投入数据以及排放率，并产生周期性的监测结果，可以据此来计算该设施的污染物排放水平。

RECLAIM 项目在最初运行的几年较为平稳，除了交易量不多之外，基本能够正常运转。但在 2000 年实际排放严重超出整个交易体系的配额总量。同时，配额价格突然飙升，并大大超出了原先设定的 1.5 万美元每吨的价格上限。主要原因是 1998 年地方电力部门放松管制政策改革的失败，导致大部分电厂的产能不能被充分利用，大大增加了对洛杉矶地区电力的需求，使得那些即使原来使用率较低的电厂都必须开足马力（Joskow & Kahn，2002）。

为了应对价格剧烈波动造成的影响，2001 年 RRCLAIM 进行了重大调整。核心变化是要求所有的电厂不能买入或者卖出 RECLAIM 配额，并全部采用"最佳可得控制技术"（Best Available Techniques，BAT）。小型的排放源则被要求对 2001—2005 年的排放量做出计划，并向监管部门递交计划报告。这就意味着，电力部门被移除出了 RECLAIM 交易体系之外，重新回到了之前的命令与控制政策阶段。这种调整宣告了 RECLAIM 项目部分走向失败。

除了运行时间较为短暂之外，RECLAIM 的减排效果也没有得到认可。1994—1996 年，整个交易项目的排放水平与 1993 年并无差别。1994—2000 年，全部减排率为 19%，远低于政策设计所预期的 47% 的减排率。2001 年 4 月 17 日，《洛杉矶时报》的文章曾批评 RECLAIM，"制造商、电厂与炼油厂仅仅减少了 16% 的排放量，远远低于这个时期所应该降低的排放量。原先对社会承诺在 10 年时间实现每年 13000 吨污染物减排量，但是整个项目已经接近尾声，每年才减少排放 4144 吨"。在技术创新贡献方面，RECLAIM 也广受质疑。比如，当时针对氮氧化物的新技术，SCR 与 SCONOX 在 1994—1999 年 RECLAIM 所覆盖的设施范围内，几乎很少有排放源安装。在成本方面，在

RECLAIM 运行之前，一些基于新古典模型的研究认为，项目实施可以节约 40% 的合规成本，但结果并非如此。首先，RECLAIM 项目的行政成本很高，整个项目覆盖的排放源所排放的二氧化硫占整个地区的 20%，氮氧化物占 10%，但是其运行却耗费了该地区 5% 的财政指出；其次，企业的负担比酸雨计划重得多，尤其是中小企业安装监测设备的成本负担过大。1996 年 12 月，86 个企业安装了 431 个连续排放监测系统，每一个在线监测系统耗费 5～6 万美元，运行成本大约是 1～15 万美元（Zerlauth & Schubert，1999）。这样的投入对大企业来说尚可负担，但对中小企业则是一笔巨大的开支。虽然 RECLAIM 项目规定中小企业可以采取计算的方法，但是同样需要不菲的投入，从而导致 RECLAIM 的监测要求远高于 EPA。一些研究认为，原本应该投入到研发中的经费被拿去投入到监测与报告之中，资金错配问题严重（McAllsiter，2007）。

3.3.1.4　美国东北部 NO_x 预算交易计划（Northeast NO_x Budget Trading Program，NBP）

2003 年，美国 EPA 开始在东北部 22 个州推行 NO_x 预算交易计划（NBP），其目标是实现美国东北部 22 个州夏季（5 月 1 日—9 月 30 日）臭氧浓度达标。这是一个以市场为基础，为控制发电厂、大型工业锅炉、汽轮机等其他大型燃烧源的 NO_x 排放，以减少温室气体排放上限的交易方案。该计划是在臭氧传输委员会 NO_x 预算项目（OTC NBP）的基础上发展而来的。较之于之前的 OTC NBP，它有以下改进之处：参与项目的州扩展到 22 个，从而更加有利于实现整个区域控制排放和实现空气质量达标；制度设计更为完善。比如，EPA 对各州分配排放配额的方法提出选择方案，并直接负责配额登记；对数据监测推行了层次（tier）管理的思想。为节约监测成本，对不同排放源采用了不同的监测方法。EPA 要求大型排放源必须安装排放连续监测系统，而较小的排放源可以使用简单的排放估算方法。

NBP 取得了明显的 NO_x 减排和环境改善效益。2008 年区域夏季 NO_x 排放比 2000 年下降了 62%，2007 年区域臭氧浓度比 2002 年平均下降了 10%。

3.3.2　水污染物排放权交易

水污染物排放权交易，也称为水质交易，其基本制度思想与大气污染物排放权交易类似。2008 年，世界能源组织对世界范围内的水质交易进行了评估，在调研的 57 个项目中，其中有 26 个在运行，21 个在设计之中，有 10 个已经停止运行。在所调研的项目中，有 51 个项目位于美国境内。

与大气污染物排放权交易类似，水质交易也源于美国。早在 20 世纪 80 年代初，美国一些州就开展了流域水污染物排放权交易的试验。1981 年，美国威斯康星州首次在福克斯河（Fox River）进行水源排污权交易计划试验。在该河流附近有 15 家排污企业和 6 家城市生活污水排污口，河水中 BOD（Biochemical Oxygen Demand，生化需氧量）浓度偏高，导致河流长时间处于厌氧状态。1981 年，该州自然资源厅对 BOD 总负荷进行分配，对各点源排污实施严格限制，并允许点源之间在一定条件下可交易可转让排放信用（Transferable Discharge Permit，TDP）。虽然只在 1982 年发生一笔排污权交易行为，但它开创了水污染物排污权交易的先河。此外，科罗拉多州于 1984 年在狄龙湖流域（Lake Dillon Watershed）对磷排放实施交易计划。同年，科罗拉多州也在 Cherry Creek 流域试行磷排放的日最大排放量（total maximum daily load，TMDL）交易计划。这批先行计划取得了不同程度的成功，为美国流域水质交易的制定提供了研究案例。

在总结案例经验的基础上，1996 年 EPA 正式颁布了《基于流域的交易草案框架》，为美国进行水质交易提供法律依据。同时，EPA 还出台了两个指导水质交易的重要文件——《水交易工具包》和《美国水交易技术指南》，为水质交易提供了基本的指引和技术支持。

《水交易工具包》是提供水质交易的技术指导和评估手段的非法律约束的指导性手册。主要内容为：水质交易的适合度分析，对特定流域、什么因素决定污染物是否进行交易，以及流域的外在条件和污染物特征是否能够保证水质交易的实施进行回答；对水质交易的经济吸引力进行评估，包括水质交易具有经济吸引力的原因、测算经济吸引力的方法、所需数据以及结果和影响分析。在美国的水质交易体系中，政府管理部门会进行水污染物交易的适合度分析，并主要关注两大问题：第一，对于特定流域，哪些因素决定污染物是否适合进行交易；第二，流域的外在条件是否能够保证水质交易的正常实施。美国的水质交易实践表明，以磷和氮作为水质交易的污染物，能取得预期成效，即通过交易可以降低污染物的排放总量，避免造成污染热点。但是，对于重金属以及一些持久性、生物有害污染物，效果则不是很明显。对这类污染物的交易，EPA 一般不予以支持。EPA 提出了 6 种支持的交易和 2 种不支持的交易。不支持的交易主要有两种：第一，不支持通过交易方式达到基于技术的排放限值；第二，影响饮用水源地水质的交易。

《美国水交易技术指南》主要采取示例的方式，介绍水质交易的方法，解释实际交易工作中的细节内容。该指南对"点源—点源"、"点源—非点源"、"非点源—非点源"三种类型，以及细化分类的交易模式进行介绍。按照指南的定义，点源指通过固定或可确定的线路排污至河流的工业企业和污水处理厂。点源污染包括工业废水和城镇居民生活污水，其排放量可以准确测定。非点源污染包括农业耕地上使用过多化肥和农药导致的残余物污染，牲禽粪便以及农民生活污水、垃圾和排泄物等污染。

在 EPA 的大力推动下，20 世纪八九十年代，美国的爱达荷州、俄勒冈州、明尼苏达州、康涅狄格州、马里兰州、科罗拉多州和北卡罗来纳州都相继启动了水质交易。目前，美国已开展的水质交易主要分布在沿海地区及五大湖地区。其中，分布于东海岸的交易主要为长岛的氮信用交易计划（康涅狄格）、Passaic 县流域委员会的污水预处理交易计划（新泽西）、Neuse 河流域营养物质敏感水域的管理策略（北卡罗来）、弗吉尼亚营养物质信用交易计划（弗吉尼亚）；分布于西海岸的交易主要为牧场牧民间的负荷交易（加利福尼亚）、博伊河的排污交易示范项目（爱达荷）、特拉基河（内华达）、清洁水服务（俄勒冈）；分布于五大湖地区的主要交易为 Rahr 麦芽糖公司许可证（明尼苏达）、南明尼苏打合作许可证（明尼苏达）、Great Miami 河流域交易试点（俄亥俄）、Red Cedar 河流域营养物质的交易试点项目（威斯康辛）（表 3-2）。这些案例的水质交易指标涉及到十二类主要指标，点源水质交易指标主要包括总氮、总磷、钙、铜、铅、汞、镍、锌。非点源水质交易指标主要包括硒、CBOD、沉淀物、温度（热负荷）。

这些地区的水资源丰富，经济水平高于内陆地区，环境污染问题也更加突出。较高的经济水平为开展水质交易提供了一定的物质基础，但大多数交易项目中的交易数量还比较有限，而且多是在政府的干预下进行，并且主要是水体营养物交易较为成功。因此，美国的水质交易仍处于探索阶段，还没有完全将理论应用于实践，也尚未形成市场规模。EPA 资助的有关研究表明，从近期来看，营养物排污许可交易在美国最有前景。从长远来看，病原体和氯化物存在着交易的可能，但有毒物质交易的可能性很小。

表 3-2　美国水质交易项目分布

州名	排放交易项目	交易类型	交易的污染物
康涅狄格	长岛的氮信用交易计划	点源—点源	总氮
新泽西	Passaic 县流域委员会的污水预处理交易计划	点源—点源	钙、铜、铅、汞、镍、锌
弗吉尼亚	营养物质信用交易计划	点源—点源；点源—非点源	总氮、总磷
北卡罗来	Neuse 河流域营养物质敏感水域的管理策略	点源—点源；点源—非点源	总氮
明尼苏达	Rahr 麦芽糖公司许可证	点源—非点源	沉淀物，氮、CBOD
明尼苏达	南明尼苏打合作许可证	点源—非点源	总磷
威斯康辛	Red Cedar 河流域营养物质的交易试点项目	点源—非点源	磷
俄亥俄	Great Miami 河流域交易试点	点源—非点源	氮、磷
加利福尼亚	牧场牧民间的负荷交易	非点源—非点源	硒
内华达	特拉基河	点源—点源；点源—非点源	总氮、总磷、总溶解性固体
俄勒冈	清洁水服务	点源—点源；点源—非点源	耗氧参量（BOD 和氮）、温度（热负荷）
爱达荷	博伊河的排污交易示范项目	点源—点源；点源—非点源	总磷

资料来源：吴悦颖，等. 水污染物排放交易 [M]. 中国环境科学出版社，2013：29.

3.4 碳排放权交易

碳排放权交易市场的诞生，与 1997 年 12 月在日本京都召开的第 3 次气候变化缔约国大会直接相关。为了降低温室气体减排对履约国经济的负面影响，协调各国经济发展利益，实现全球减排成本的效益最优，大会通过的《京都议定书》建立了三种灵活减排机制，即排放贸易（Emission Trading，简称 ET，第 17 条）、联合履约（Joint Implementation，简称 JI，第 6 条）和清洁发展机制（Clean Development Mechanism，简称 CDM，第 12 条）。通过这三种机制，发达国家之间、发达国家与发展中国家之间将实现配额互换、资源互补，并催生国际碳交易市场的建立和发展。其中，基于总量—交易型许可交易的 ET 机制催生了日后碳配额交易市场，基于义务—证书型信用交易的 JI 和 CDM 机制催生了项目交易市场。

碳配额交易市场属于总量—交易型许可交易，与 Dales 当初设计的排污权交易市场具有相似性。EU ETS（European Union Emissions Trading Scheme）是世界上第一个国际性的碳配额交易体系，它也是全球最大的强制性配额交易市场，来自欧盟 27 个成员国 11400 多个工业温室气体排放实体和航空业加入了 EU ETS。

芝加哥气候交易市场（Chicago Climate Exchange，CCX）和美国的区域温室气体减排行动（Regional Greenhouse Gas Initiative，RGGI）等属于自愿减排交易市场，但运行原理仍按总量—交易型许可交易来设计，对纳入交易体系的参与主体仍具有强制性。项目市场通常称为补偿机制（offset mechanism），为总量和交易机制的延伸、拓展与补充。

由于《京都议定书》一直到 2005 年才生效，一定程度上制约了国际碳排放权交易市场的发展。但在其生效之前，一些国家和地区在建立碳排放权交易市场方面就已进行了有效益的尝试并取得了非常宝贵的经验。2000 年，欧盟委员会发布了《温室气体排放权交易绿皮书》，为日后欧盟碳排放权交易的建立奠定了基础。丹麦于 2001 年启动了管理电力生产中二氧化碳（CO_2）排放的国内排放贸易体系。英国于 2002 年开始了自愿碳排放贸易体系的探索。成立于 2003 年的芝加哥气候交易所（CCX)，是世界上第一个真正具有完整功能的碳排放交易体系。CCX 属于自愿性碳交易市场，只有成为 CCX 的会员才有减排义务。2009 年之后，由于美国政府拒绝做出强制性减排承诺，其交易量急剧下滑。2010 年 7 月，CCX 的母公司被亚特兰大的洲际交易所（Intercontinental Exchange, ICE）收购。CCX 运行的 8 年期间，碳配额交易共产生绝对减排 7 亿吨，其中工业减排占 88%，剩下 12% 来自项目交易。

澳大利亚的新南威尔士州温室气体减排体系（New South Wales Greenhouse Gas Abatement Scheme, NSW GGAS）是《京都议定书》生效前诞生的另一个具有典型意义的碳排放交易体系，也是世界上第一个具有法律强制性的碳交易计划。虽然澳大利亚不是《京都议定书》的缔约国，但辖内的南威尔士州独自制定了一个强制性的碳排放计划。2003 年 1 月 1 日，澳大利亚新南威尔士州启动了为期 10 年涵盖 6 种温室气体的州温室气体减排体系。目前，NSW GGAS 运行顺利，NSW 政府已宣布将该计划延长至 2020 年。2012 年 11 月，澳大利亚议会通过了《清洁能源法案》（Clean Energy Legislative Package），要求 2020 年温室气体净排放水平比 2000 年下降 5%。同时，该法案推出的碳价机制（Carbon Price Mechanism, CPM）计划到 2015 年与全球的碳交易补偿市场对接，这将为 NSW GGAS 的繁荣提供新的机遇。

2005 年 2 月 16 日生效的《京都议定书》带来了全球碳排放市场的繁荣。当年，欧盟根据《温室气体排放配额交易指令》创建了 EU ETS，并成立了欧洲气候交易所（European Climate Exchange，ECX）。EU ETS 是世界上第一个真正具有国际性的强制性排放交易体系，也是全球碳交易市场的引领者。2005—2010 年，EU ETS 交易量占全球碳交易市场总量的比例由 71.82% 上升到 84.43%（Linacre et al.，2011）。2011 年，EU ETS 整体碳交易量又比上年增加 11%，占全球碳交易市场总量的比例上升到 97.22%（Kossoy & Guigon，2012）。从 2013 年开始，欧盟 27 个成员国不再实施单独的配额国家分配方案（NAP），改由欧盟统一分配。同时，新方案计划每年碳减排 1.74%，这意味着 2020 年整个欧盟的配额总量将比 2005 年下降 21%。EU ETS 的建立和成功运行，在全球排放权交易实践和理论发展方面起到了示范作用，并对进一步加速全球碳市场的融合起到促进作用。除 EU ETS 外，美国的区域温室气体减排行动（RGGI，2009 年启动）、新西兰碳交易体系（NZ ETS，2008 年启动）、西部气候倡议（WCI，2007 年启动）等也是较有影响的区域碳排放权交易体系。

在项目交易市场，随着《京都议定书》第一承诺期的结束，2013 年前的一级核证减排量（CER）、减排单位（ERU）和排放配额（AAU）市场市值在 2011 年再度下降。尽管补偿市场的价格低落且难以长期预见，但 2012 年后一级清洁发展机制（CDM）市场仍大幅上升了 63%，达 20 亿美元。中国目前仍是合同 CER 的最大来源，但非洲国家（在 2013 年前的市场基本上被绕过）在 2011 年开始呈现强势，占当年签订的 2012 年后 CER 合同量的 21%。

随着国际应对气候变化形势的发展，尤其是伴随着后京都时代（2012—2020 年）的到来，更多国家开始越来越多地参与到碳排放权交易市场的建设中来。印度等亚太国家以及墨西哥等北美地区，区域性碳排放交易市场的建立也在紧锣密鼓筹划之中。中国启动 7 省市碳排放权交易试点以来，北京、上海、广东等 7 个试点省市都已经开展了碳排放权交易。截止到 2014 年 10 月，共完成交易 1375 万吨二氧化碳，累计成交金额突破了 5 亿元人民币。国家发改委正推进全国性碳交易市场的建立，力争 2017 年开始运行。

目前，全球拥有碳排放交易平台近 30 多个。世界银行研究显示，碳排放交易规模从 2005 年的约 110 亿美元增长到 2011 年的 1760 亿美元。其中，配额市场交易额的比重由 72.73%上升到 84.6%（Kossoy & Guigon，2012）（表 3-3）。预计到 2015 年，全球碳市场交易量将由 2005 年的约 20 亿吨增加到约 40 亿吨（ICAP，2014）。据联合国和世界银行预测显示，未来全球碳排放交易市场有望超过石油市场成为世界第一大商品市场，日益成为国际政治、经济力量博弈的新舞台。

表 3-3　2005—2011 年国际碳排放交易市场发展（单位：10 亿美元）

年份	配额	其他配额	一级市场 CDM	二级市场 CDM	其它补偿机制	总计
2005	7.9	0.1	2.8	0.2	0.3	11.0
2006	24.4	0.3	5.8	0.4	0.3	31.2
2007	49.1	0.3	7.4	5.5	0.8	63.0
2008	100.5	1.0	6.5	26.3	0.8	135.1
2009	118.5	4.8	2.7	17.5	0.7	143.7
2010*	133.6	1.3	3.6	20.6	—	159.2
2011*	147.8	1.1	3.9	23.0	—	176.0

资料来源：2010 年之前数据引自：Linacre, N., Kossoy, A., Ambrosi, P., State and Trends of the Carbon Market 2011, Carbon Finance at the Word Bank, 2011；2012 年数

据引自：Kossoy, A., Guigon P., State and trends of the carbon market 2012, Carbon Finance at the Word Bank, 2012.5。注释：按《State and trends of the carbon market 2012》的口径，2010 年之后碳市场分为配额市场（Allowances market）、点源和二级补偿市场（Spot & Secondary offset market）、项目交易（Forward (primary) project-based transactions）统计，与之前统计口径略有差异。

3.5　白色证书交易

节能已经成为世界各国应对环境问题的重要举措之一。为了提高节能效率，许多国家除了采用传统的命令—控制型手段外，更加注重采用一些基于市场的经济激励政策，如可交易节能证书机制（Tradable Certificates for Energy Savings）、合同能源管理机制、用户需求响应机制等。

可交易节能证书机制又称为白色证书机制。白色证书（White Certificate）也称节能证书，代表了实施节能项目所获得的、经过测量和认证的一定数量的节能量。

欧洲是较早探索节能量交易制度的地区。节能量交易在欧盟被称之为"白色证书机制"。2005 年，欧盟委员会（EC）发布"能源效率绿皮书"，提出到 2020 年节约能源消费 20%的目标。2006 年，EC 又颁布了"终端能效和能源服务指令"（2006/32/EC），以推进能效政策和发展能源服务市场。同时，早在 2003 年 6 月，欧盟就通过了针对电力市场自由化的指令（2003/54/EC），明确了市场开放的时间表，规定最晚到 2007 年 7 月 1 日所有消费者可以自由选择他们的地理和燃气供应商。上述政策和法案为针对终端能源用户能效提升的白色证书机制（White Certificate）奠定了基础。

由于欧盟对主要工业行业已经实施了碳交易规制，而节能与降碳之间又有很强关联性，因此欧盟国家一般将碳交易体系没有覆盖到的领域纳入到节能体系之中，如能源供应商或分销商作为责任主体，它们需要在一年或多年内完成特定的节能量任务，管制部门会提前设定节能目标并在责任主体之间进行分解。可以用于合规的节能项目主要是商用和民用的节能和能源替代类项目，这些项目产生的节能量经过核查之后，由管制部门颁布相应数量的节能证书，可以自由交易并用于合规。此外，意大利、英国和法国也建立了较为完善的白色证书交易体系。如表3-4。

表3-4　意大利、英国和法国白色证书机制比较

	意大利	英国	法国
节能目标	一次能源；年度目标；2005—2012累计节能22.4Mtoe（百万吨石油当量）。	能源中的CO_2含量；3年期目标；2008/4-2012/12累计节约185 $MtCO_2$。	二次能源；3年期目标；54TWh(2006/7-2009/6)，4%折现率。
责任主体	前两年用户数量达到50000的电力和燃气分销商。	拥有50000住宅用户以上的电力和燃气供应商。	电力、燃气、家用能源（不包括运输用燃料）、供暖及制冷供应商，准入门槛一般为0.4TWh/年，LPG为0.1TWh/年，家用能源不设准入门槛。
分配原则	按照责任主体所销售的能源量在所有责任主体销售的能源总量中所占的比例分配。	基于住宅用户的数量进行分配；按照责任主体所占市场份额的变化每年调整。	结合责任主体在住宅和商业领域营业而（75%）和能源销售的市场份额（25%）进行分配。
合格项目	所有终端使用领域；限定为"硬措施"；50%限制，至少一半的节能目标要通过减少电力和燃气的使用量实现，2008年取消了这一规定；开放式合格项目清单。	仅限于住宅用户；与电力、燃气、煤、石油、液化石油气相关项目；至少40%的节能量来源于低收入和中等收入的优先群体（EEC规定为50%）；开放式合格项目清单。	排除EUETS下的项目及化石能源之间的能源转换；项目在使用期限内累计节能量超过1GWh，类似的项目允许整合；任何能源载体；任何终端使用领域；标准措施清单。

续表

	意大利	英国	法国
测量核算方法	约定节能量法、工程法、实际测量法。	事前标准节能量法；有限的事后核查。	标准措施清单包含标准节能量核算方法；非标准措施节能量核算方法都要通过政府部门批准。
成本回收	上一年的成本回收费用乘以校正系数，校正系数反映能源平均销售价格的变化，价格降低越多，回收费用越低；2008 年以前只允许电力和燃气，2008 年起延伸到运输燃料外的所有能源类型	没有固定的成本回收，供应商可以将成本包含在电力、燃气的最终用户价格中。	法律明确规定管理部门在制定收费标准时要考虑责任主体完成节能任务的成本。
交易	证书交易；现货市场交易、场外交易；可以储存。	没有证书，节能任务可以交易；只有场外交易；可以储存。	证书交易；只有场外交易；可以储存。
处罚	由管理者（AEEG）根据实际情况决定；完成量大于 60%，允许延期一年。	处罚最高为供应商营业额的 10%；考虑未完成的节能目标量。	0.02 欧元/kWh；最高1.08Beuro(什么都不做)。

资料来源：史娇蓉，廖振良. 欧盟可交易白色证书机制的发展及启示 [J]. 环境科学与管理，2011, 36（9）：11-16.

3.5.1 意大利白色证书交易

在已实施白色证书交易的国家中，意大利的证书交易最为成熟和规范。白色证书交易机制在意大利被称为能效证书机制（Energy Efficiency Certificates），从 2005 年 1 月份开始实施。第一阶段为 2005—2009 年，责任主体包括客户数量超过 10 万（2008年以前规定用户数量是 5 万户以上）的电力和天然气输配商，政府规定其必须每年承担特定的节能量目标（吨标准油，toe）。电力和天然气管理局（AEEG）负责设计相关节能项目并管理整个交易体系，同时授权电力市场运营商（GME）签发、注册白色认证并组织交易市场。

意大利的白色证书有四类：电力节能证书、天然气节能证书、其他能源节能证书和运输用燃料节能证书。该机制原计划在5年内节约580万吨油当量的节能量。其中，节电量140亿kW·h，节气量33亿立方米。截止到2009年底，意大利累计节能量达到5,181,093 toe，超额完成节能目标。其中，74%来源于电力，21%来源于天然气，5%为其他能源节能量。颁发给能源服务公司的证书占总量的80%。其次为电力和天然气责任主体，分别为9.8%和8.4%。其他非责任主体分销商获得1%的节能证书。

市场参与者既可以参加市场交易，也可以进行场外的双边交易。市场交易由电力市场经营者（GME）根据监管机构（AEEG）批准的规则和标准来管理。在一年中市场交易通常至少每月一次，而在每次履行检查前的四个月里，再增加到至少每周一次。但有数据显示，目前场外交易更加强劲，并且有不少节能义务的承担者更倾向于购买证书而不是发展自己的节能项目。

在交易环节，规定交易各方必须支付年费供GME管理市场交易使用。

3.5.2　英国的白色证书交易

英国于2001年建立了由政府发起并由议会通过的2002—2011年每三年一阶段的能效义务（EEC）项目，要求电力和天然气供应商在住宅领域完成能效目标（其他的能源密集型企业则属于EUETS的覆盖范围）。该项目的政策目标及规则由环境部、食品部和农业事务部制定，项目执行监管由天然气和电力市场局负责。项目第一阶段为2002—2005年，履约责任主体为拥有1.5万个住宅用户以上的电力和天然气分销商，要求完成节能量为620亿kW·h（或天然气、油、煤的等价值）。最终获得了870亿kW·h的节能量，超过目标的40%，政策效果显著；第二阶段为2005—2008年，节能目标量为1300亿kW·h，履约方标准也被提升为拥有5万个以上用户的电力和天然气分销商。在英国针对家庭住宅领域的能效义务项目中，采用的节能措施主要有两种：一是结构性节能措施，如墙体的保温和隔热、建筑物的翻新等；另一类是非结构性节能措施，如家电的更新换代、节能照明等。EEC的第一、第二阶段要求至少有50%的节能量来自于低收入和中等收入的优先群体，这是为了避免能源供应商只关注有能力承担能效措施费用的群体，而背离了机制设定本身的目的。在英国的节能计划中，由于只有6个主要的供应商承担义务，因此市场交易缺乏充分的灵活性。而且，这些供应商通常将大部分节能项目以合同的形式承包给第三方实施，但不同的供应商经常使用相同的第三方，因此使得他们不可能比别人更廉价的履行义务，从而进一步导致交易不活跃。不过作为一种补救，英国规定不同履约期的节能量可以结转，并成为供应商一种最普遍的选择。

3.5.3　法国白色证书交易

法国节能证书项目的责任主体是提供电力、燃气、家用燃料（不包括交通使用）、固定设备的制冷供暖的供应商。节能指标的门槛是0.4 TW·h/年（或家用燃料为5000公升）。对责任主体的节能责任依据市场变化每年进行调整。节能总目标头三年（2006—2009年）的最终能源节约量为54 TW·h（相当于194

PJ），并按照家用和商业领域所占的销售份额来分配节能义务。

法国没有对信用证书的创制范围作出限定，所有的经济部门均可以实施节省项目，获取证书并用于交易。但是，在有资格创制证书之前，企业首先需要满足管制部门设定的一系列标准并成为"合格的参与者"，需要证明所有符合标准的节能量均具有额外性。为此，管制部门发布了一系列的技术和核算规范，来界定不同项目的额外性认定和度量方法。

法国节能证书机制第一阶段节能目标为 54 TW·h，时间段为 2006 年 7 月至 2009 年 6 月，责任主体为电力、燃气、家用能源（不包括运输用燃料）、供暖及制冷供应商。节能任务分配标准依据责任主体在住宅和商业领域的营业额（75%）和能源销售的市场份额（25%）来划定。对责任主体的合规考核在三年期末展开。在法国，除了被 EU ETS 覆盖到的部门外，其他部门均被纳入到能效交易体系之中。只要其项目在使用期限内累计节能量超过 1 GW·h，就可以获得认证的节能量并用于交易。

2006 年 6 月，法国发布了一份标准措施清单，其中包含了各措施的标准节能量核算方法。该清单一直在不断更新，截止 2009 年 4 月，清单包含住宅领域 60 项、商业领域 83 项、工业领域 22 项以及其他领域 15 项标准措施。

法国目前尚没有正规的证书现货交易场所，但参与者可以进行双边交易。为了促成交易，监管当局会定期公布潜在证书供应者的名单和证书的平均交易价格。

3.6　绿色证书交易

与白色证书关注节能、减排、减碳不同，绿色证书的设计往往是作为对生产、推广、使用绿色能源（如可再生能源）的一种激励。但其运行机理与白色证书基本类似，即同样由绿色能源义务目标和绿色证书市场构成，责任主体需承担相应的绿色能源义务性要求，非责任主体不承担义务，但可生产绿色证书，并参与证书交易。

绿色证书制度，也称为可交易绿色证书制度（Tradable Green Certificates，TGC）。由于电力产品均质性高、不能储存，电力生产与消费边界清晰，容易计量。因此，绿色证书制度在电力行业得到了广泛应用。随着全球对新能源和气候问题的关注，开发、推广、使用清洁、低碳的可再生绿色能源，如太阳能、风能、生物能、水能、地热能、氢能等，已上升到国家能源战略与安全的角度，市场前景广阔。

目前，北欧电力市场中的瑞典、挪威、丹麦等许多国家已经开始实施绿色证书制度，建立了比较成熟的绿色证书市场。此外，比利时、英国、美国德克萨斯州等国家和地区也成功实施了相关制度。

绿色证书是由政府或权威机构颁发给可再生能源电力生产商，作为一定量的或者相当于一定量的可再生能源电力被该厂商生产出来的凭证，每个电力生产企业生产一定量的清洁电力，就会得到相应数量的绿色证书。每份绿色证书代表着通过政府权威机构认证的可再生能源电量（一般是 1 度/张）。绿色证书本身没有价值，绿色证书的价格不包含可再生能源作为普通能源的价格，它仅代表市场对可再生能源正外部性的一种补偿（康娇丽，2014）。

3.6.1 英国的绿色证书交易

英国的绿色证书交易制度称为再生能源义务制度（The Renewable Obligation，RO），从 2002 年开始实施。

（1）监管机构

英国燃气和电力市场监管办公室（OFGEM）是英国能源领域独立的监管部门，负责整个可再生能源证书交易体系（Renewable Obligation Certificates，ROC）的运行和监管，包括 ROC 的注册、核算、交易，年度目标的确立，供应商完成 RO 的审核，年度RO 资金的分配及对未完成 RO 供电商的惩罚等。

（2）证书及发放

发电商每发出 1MWh 的可再生能源电力，监管机构将发给其相应数量的 ROC。ROC 证书由 OFGEM 发放。为促进新技术的发展，自 2009 年 4 月 1 日起，英国开始根据不同技术的边际成本差异分别发放不同数量的可再生能源义务证书，以促进了尚未成熟技术的进步。2011 年，OFGEM 公布了《可再生能源义务：发电商指南》，明确规定陆上风力发电企业每提供 1MWh 电力可得到 1 张 ROCs。同等条件下，海上风力发电企业可得到 2 张 ROCs，农作物发电企业可得到 2 张 ROCs，沼气发电企业可得到 0.5 张 ROCs，垃圾填埋气体发电企业可得到 0.25 张 ROCs。所有微型发电商（申报净容量在 50KW 以下）无论采用何种技术，每生产 1MWh 电力都可得到 2 张 ROCs。

（3）履约与监管

供电商按照规定设立年度可再生能源比例，把规定数量的ROC 交回到 OFGEM，从而完成 ROC 的整个循环。为促进供电商制定更高的可再生能源发电目标，ROC 证书制度规定，证书的有效期为两年，即第一年多余的 ROC 可以用于下一年度继续使用。

供电商在每年 9 月 1 日前上交规定比例的 ROC，如未能达到电力监管机构的规定，则会受到相应数额的罚款。未完成ROC 制度规定的供电商可以在 9 月 1 日至 10 月 31 日期间补交

ROC 或按照买断价格支付罚款，但需缴纳滞纳金。如年度发电商的 ROC 仍有剩余，表明可再生能源电力市场处于卖方市场，OFGEM 可以收购剩余的 ROC，收购价为 30 英镑/ROC（2002年），这实际上相当于政府为可再生能源证书确定了一个最低价格水平。

从 2002 年到 2011 年，英国实施可再生能源义务制度以来，各年度义务证书所占供应比例和价格不断提高，为可再生能源配额义务的完成发挥了重要作用。（任东明、谢旭轩，2013）

3.6.2 美国的绿色证书交易

美国的绿色证书交易称为可再生能源证书制度（Renewable Energy Certificates，REC）。到目前为止，美国绝大多数实行可再生能源义务要求的州均建立了 REC 交易体系。以下以德克萨斯州（简称德州）为例说明。

（1）监管机构

德州电力可靠性协会（ERCOT）是 REC 管理者，负责对证书交易进行全过程监管，包括参与方的登记认证、REC 的分配和管理、记录 REC 的生产、销售、转让、购买和到期情况、发表项目年度报告等，所有的证书交易都必须通过 ERCOT 登记才能生效。

发电商每生产 1MWh 的可再生能源电力相当于 1 个 REC，每一季度通过项目管理员对证书进行认证。认证工作主要是检查证书标识的内容是否符合实际情况。

（2）证书交易

交易范围可在全州范围内进行。证书的上限价格由德州公用事业委员会（PUCT）设定。如零售商未能到期供应规定的可再生能源电量，将受到 50 美元/MWh 的处罚。为鼓励除风电以外的可再生能源的发展，还规定 1MWh 非风电的可再生能源电力相当于两个 RECs。

（3）证书弹性机制

包括：规定义务补足或者调和期，时间一般为三个月。凡在这段时期内未达到配额义务的义务承担者可购买证书。已完成配额义务并还有证书剩余的可以出售。允许进行证书储蓄（即通过允许有效期延后一至两年来降低零售商风险和提高规模经济性）和赤字储蓄（即允许零售商弥补其证书亏空的时间延后一至数年）。弹性机制保证了义务承担主体能有机会选择以较低成本方式来完成义务。

（4）合规与履约

德州公用事业监管法规定，对未完成配额义务的义务主体进行严厉的行政处罚，即每千瓦时将处以不高于 5 美分或者在义务期内可再生能源证书交易平均价格 200% 的罚款，允许义务承担主体选择其中价格较低的处罚措施。（任东明、谢旭轩，2013）

3.6.3 澳大利亚的绿色证书交易

2001 年，澳大利亚政府通过《可再生能源（电力）法》，提出了强制性可再生能源目标（MRET）。在这一政策框架下，澳大利亚建立了可再生能源证书（RECs）交易机制和交易市场。2001 年 4 月 1 日，澳大利亚可再生能源证书系统在全国范围内正式运行。

（1）监管机构

成立了可再生能源管理办公室（ORER），负责对可再生能源发电商进行认证，监管可再生能源证书的执行情况，并对违反 MERT 法案的行为进行处罚。

（2）证书类型

从 2011 年 1 月 1 日起，澳大利亚的绿色证书开始分为大规模发电证书和小规模技术证书两种。①大规模发电证书运行机制。可申请大规模发电证书（LGCs）的合格实体是指使用太阳能、风能、潮汐能、生物质能等在《可再生能源法案》中列出的可再生能源发电站。大规模可再生能源目标明确了在 2030 年前，每年可再生能源的发电量。责任主体需购买的 LGCs 数量，通过条例中设置的可再生能源比例（RPP）确定。每年的可再生能源比例依据当年可再生能源发电目标，年度义务承担主体电力的获得量，前一年 LGCs 提交超额或不足量等确定。②小规模技术证书交易机制。小规模技术证书（STCs）主要为安装合格的小规模系统如太阳能热水器、热泵、小型风机、小型水电系统等提供金融激励。合格实体新安装的太阳能热水器或热泵系统在可再生能源管理办公室登记后即可申请 STCs。新安装的小规模的太阳能、风能、水能发电系统，遵照当地、州、联邦政府的要求，由清洁能源委员会授信的安装单位安装，系统组件要纳入清洁能源委员会公布的信用列表，并取得合格许可后才可以申请 STCs。法律要求责任主体每年购买并提交一定数量的 STCs，进而创造了对 STCs 的需求。每年提交时间为 2 月、4 月、7 月及 10 月。提交后的 STCs 不再有效，不能再次进行交易。

（3）合规与履约

每年末，责任主体必须向管理部门上交足够的 RECs，以证实其完成了目标义务。责任实体的 RECs 既可通过与可再生能源发电企业签订合同购得，也可以向第三方协商购买。RECs 可在责任实体或第三方之间通过国家电力市场（NEM）进行交易。

不能提供足量的可再生能源证书的责任实体，须交纳一定的费用。例如，当年没有提交规定数量的义务主体，需要支付相应的罚款（当前为65澳元/LGC），未提交规定数额的STCs的责任主体，也需要支付罚款（当前为65澳元/STC）。

自2001年起，证书交易为可再生能源产业的投资提供了大量金融激励，增加了小规模可再生能源系统的数量，激励了可再生能源额外发电和可再生能源发电项目建设，增加了电力部门的可持续性，降低了电力部门的温室气体排放。

3.7 小结

如何理解资源环境产权交易发展的历程和现状？我们认为，可以通过对两个问题的探讨来进行解答。

第一个问题是：产权交易方式在资源环境政策体系中的地位如何？

沃塔（Voβ J-P，2007）从政策演化的角度角度，提出产权交易体系逐渐从边缘变成主流的历程：许可交易体系政策经历了一个早期发展的极少应用、模式成型即逐步推广，再到逐渐扩散的演变过程。他相信，随着时间的推延，许可交易最终将改变整个环境政策范式。

但是，沃塔（Voβ J-P，2007）的研究也可能引起一种误解，即认为资源环境产权交易是对旧政策范式的一种完全替代。实际情况是，在大部分国家和地区，产权交易政策工具在整个环境政策体系中所占的比例非常之低。在污染控制领域，OECD国家中，只有美国排污权交易方式布局普遍。见表3-5。

表3-5　OECD国家的采用的经济激励手段

国家	排污收费	使用者收费	产品收费	行政收费	税收差别	补贴	押金一返还	排污权交易	市场干预
澳大利亚	Y	Y		Y					
比利时	Y	Y		Y					
加拿大		Y				Y	Y		
丹麦		Y		Y	Y	Y	Y		
芬兰		Y	Y			Y	Y		Y
法国	Y	Y	Y	Y		Y			
德国	Y	Y	Y	Y	Y	Y			
意大利	Y	Y	Y	Y					
日本	Y	Y							
荷兰	Y	Y		Y	Y	Y	Y		Y
挪威		Y		Y	Y	Y	Y		Y
瑞典		Y	Y			Y			
瑞士	Y	Y			Y				
英国	Y	Y		Y	Y				
美国	Y	Y	Y			Y		Y	

资料来源：J. B. Opsehoor, and J. Vos. Eeonomic Instruments for Environmental protection, OECD, 1989.

以碳交易为例，根据澳大利亚政府生产力委员会的研究，目前世界上包括德国、澳大利亚、中国等主要9个国家在降低温室气体排放方面，总共采取了近1100种相关政策工具。其中，澳大利亚一个国家的政策就多达237种之多，基本覆盖了所有的政策类别（见表3-6）。

表3-6 主要国家碳减排政策分类

价格政策	行政管制
碳交易——总量控制下的交易 碳交易——信用交易 碳交易——自愿性	可再生能源目标 可再生能源证书项目 电力供应或者价格管制 技术标准 燃油成本标准 能源效率标准 法定评估、审计或投资 综合温室气体管制 城市交通规划管制 其它管制
补贴与其它税收 资本补贴 电力回购 税收返还或税收减免 低息担保贷款 其它补贴或授信 燃油或资源税 其它税	
	支持研发 研发——一般性 研发——发展与推广
直接政府支出 政府购买——一般 政府购买——碳补偿 政府投资——基础设施 政府投资——环境	**其它** 信息提供、碳标签、教育宣传、自愿协议等

资料来源:Australian Government Productivity Commission. Carbon Emission Policies in Key Economies. 2011.

从资源环境政策的发展趋势来看,传统的科层式治理结构以及与之相适应的命令与控制型管理手段仍会继续存在,并将继续起着主导作用。虽然环境治理的新工具在不断创新出来并得到运用,但传统命令与控制的规制型工具仍然是政府最喜爱和惯用的手段(任志宏,赵细康,2006)。这是因为规制型工具仍然担负着环境治理的主导任务,而不容易被其他手段所轻易替代。即使是被认为具有广阔潜力的许可交易手段,也往往是新旧工具联合使用,传统的一些控制手段,如准入控制,仍不会轻易放弃。事实上,传统的刚性管理方式通常被用来作为推动新治理工具的手段。比如,设立一些新工具的操作规则以及处罚规则。此外，新工具往往赋予了一些特殊的功能。例如，为了填补传统规制的空隙（cracks），出现了自愿协议；为了处理一些新出现的污染问题，比如，全球气候变化问题，出现了许可交易和信用交易，因为这些问题目前没有强有力和有效的规制措施来解决。

第二个问题是：如何理解资源环境产权交易的成败得失？

大部分案例表明，产权交易方式在一些领域无疑获得了成功，尤其是在渔业捕捞权交易、水权交易和美国的"酸雨计划"之中。美国的酸雨计划，被誉为像教科书所描绘的那样成功运行（Joskow et al.，1998）。

与此同时，许多交易体系被证明取得的成功是有限的，甚至其作用受到质疑。比如，在美国的水质交易项目中，71 个分析样本只有 19 个交易比较活跃（Morgan & Wolverton，2005）。

而那些成功的交易体系，也并不能证明产权交易方式具有天然的优越性，而是由一系列良好的制度设计来保障的。比如，水权交易的成功至少需要制度设计能保证如下内容：①既简单又清晰，清楚地定义水权的特征及实施水权交易的条件和规则；②建立和实施水权登记制度；③清楚描述在水资源分配中政府、机构和个人的作用，并指出解决水事冲突的办法；④保护由于水权交易可能给第三者和环境造成的负面影响（Rosegrant & Scheleyer，1994）。对于资源环境产权研究来说，找到这些保证体系高效运行的制度设计原则，无疑是更重要也更有意义的主题。

4　确权与分配

确权与分配是资源环境产权交易体系的起点。本章主要介绍确权与分配理论的基本脉络，讨论分配方法的选择和分配过程，分析策略性行为分析的理论和实证研究。

4.1　从分配无关论和最优分配论说起

早期的资源环境产权交易文献对确权和分配问题所述甚少，主要是由于大部分分析都隐含着初始分配无关论或者最优分配论为假设前提。

4.1.1　初始分配无关论

这最早出现在科斯的文献里面，即在无磨擦的或者交易成本为零的世界中，不管产权的初始分配如何，只要交易双方能够自由谈判，交易双方都可以通过交易实现社会成本最小化。蒙哥马利（Montgomery，1972）建立的形式化模型证明了，在理想的排污权交易市场中，无论何种配额的初始分配模式下，只要自由交易，企业最终所持有的配额数量与选择的排放数量都处于最优水平。

4.1.2　最优分配论

该理论假定，管制者知道最优的资源使用量或者最优的污染总量，并且知道企业的边际成本或收益曲线，可以借此来确定最优的分配方案。简化的排污权分配模型是：假如定义 D 为环境损害，C 为企业的减排成本，x 为企业的排放量，那么政府的目标函数是最小化 $D(x)+C(x)$，最优分配需要满足的条件是：$D'(x)=-C'(x)$，由此可以得出社会最优的排放水平及每个企业的最优排放量，实现最优总量确定与配额分配。

随着交易体系的实践和研究的深化，对确权和分配的认识也逐步深化，新的研究倾向于将确权和分配看成是一个影响巨大、复杂且困难的过程。其实，早在科斯（1960）的文献中，就已经指出，在交易成本为正的情况下，初始分配极为重要。哈恩（Hahn，1984）较早证明了，在市场不完全竞争或者说存在市场势力的情况下，初始分配将对整个交易体系的运行产生重大影响，只有杜绝市场力量起作用的分配才可能产生最优结果。另外，初始产权的分配还可能导致社会问题，比如，实施 ITQ 制度时，如果在配额分配不特别考虑渔村或渔业社区的经济发展水平以及历史文化等综合因素，可能会导致部分经济脆弱的渔村出现"空心化"的严重后果，影响渔村社区稳定并引发其他社会问题。

总量设置不合理产生的结果也是灾难性的。过于宽松的总量会导致配额市场没有稀缺性，结果是有效需求不足、交易低迷，无法起到控制污染和减少资源消耗的作用；同样的，过紧的总量设置目标会导致经济社会成本太高。现实中，总量设置过于宽松的问题更为常见，并且成为导致交易体系运行失败的重要原因（Solomon，1999）。比如，欧盟碳交易体系（EU ETS）在第一和第二阶段碳配额总量分配过多产生了三大负面影响：一是企业减排动力下降，影响减排效果；二是配额价格急剧下降；三是干扰了企业对排放的预期，使得企业认为未来的排放限额会很宽松。

因此，20世纪80年代之后，确权与分配问题逐渐成为资源环境产权交易理论的重点研究领域，在总量设定、分配方法选择以及分配过程中的策略性行为等方面积累了大量文献。

4.2 总量设定

4.2.1 最优控制总量

资源环境产权交易的大部分经济学理论模型都以一个确定的总量目标为前提，但是，经济学对于该总量实际上如何确定知之甚少。相反，资源科学、环境科学、生态学、生物学以及病理学方面的研究则提供了大量参考证据。

以生态学为基础确定资源最优使用量是资源管理领域长期应用的方法。渔业最大总可捕捞量的确定主要是根据渔业资源的生物学前提，即每一种鱼类基因和种群特性的分析。通常所采用的方法就是绘制逻辑斯蒂增长曲线的方式确定不同的捕捞力度水平和存量规模下的潜在成本收益（托马斯·斯德纳，2006）。

不过，往往有多种相互竞争的方法。比如在渔业中，最高持续产量（Maximum Sustainable Yield, MSY）是经常使用的方法，最高持续产量指的是"维持某个特定的捕捞量与鱼类存量的比例，可保证每年达到相同的捕捞量，并且不会伤害到鱼类种群的总体存量"（Churchill & Lowe, 1988）。与此同时，还有最适应持续产量（Optimum Sustainable Yield, OSY），指保证鱼类种群最佳再生能力的可允许收获量，就是在自然环境承受范围内的最高产量，这种方法希望同时考虑生物因素和政治、经济、社会等非生物因素。

在污染控制领域，则主要采用负荷总量、同化容量（carrying capacity）、最大容许纳污量（maximum pollutant load）和水体允许排污水平（permissible pollutantloads）等概念（周孝德等，1999）。比如，在美国，水污染物排放权交易的总量设定依据是水体最大排污限值，其主要根据最大日负荷总量（TMDL）的方法确定，最大日负荷总量指的是在满足特定水质标准的前提下，水体在单日内所能接受的某种污染物最大负荷量。其简要的计算方法是：

$$TMDL = S \times h \times K_e \times C_b \qquad\qquad 4.1$$

式中，S 代表平均水面面积；h 代表平均水深；K_e 代表水体降解系数；C_b 为水质目标控制浓度。美国 EPA 会根据不同流域的特点和历史数据情况设定相关参数。

碳排放总量控制目标的基本程序则是：建立气候模型，预测不同情境模式下经济和社会活动导致的温室气体排放情况以及由此可能引起的气候变化后果，以此为基础确定温室气体控制目标或削减目标。

但是，由于资源环境问题的复杂性和不确定性，目前尚找不到一种完全客观的科学的总量界定方法。以渔业为例，影响资源数量变动的因素有很多，鱼类种群本身、生态环境、生存竞争者、疾病和食物来源等各种因素交叉作用，希望精确设定最优可捕捞量是几乎不可能的。与此同时，对于同一种资源或者环境问题，往往有多种竞争的方法或者模型可供选择，而不同模型得出的结果有很大不同。比如在碳排放量的问题上，瑞比托和奥斯汀（Repetto & Austin，1997）发现，确定碳排放总量控制目标有众多气候模型，这些气候模型在人口增长、生产率提高以及能源效率碳含量等一些核心变量的设定上存在很大差异，计算结果自然难以一致。但是，无论如何，最优总量的探索具有很强的现实意义，它为交易体系控制目标的确定提供了客观的依据。

4.2.2 实践中的总量设定

在渔业捕捞权交易中，目前，国际组织和一些国家会应用最高持续产量作为确定总可捕捞量（TAC）的依据，比如世界上产量最高的海鱼（秘鲁鳀）和最大海兽（蓝鲸）资源等都是以最高持续产量为依据。经过几十年的发展，这种方法不仅不断改进，而且获得了技术上和能力上的全面支撑，包括以下几点。

（1）强有力的渔业监测体系

只有对捕捞到销售过程的渔获量有科学的统计测定，才能在 MSY 的基础上准确测定 TAC。渔业监测体系有利于掌握渔获量的真实情况，从而为科学测定总可捕量提供现实数据。

（2）连续的资源调查和监测

TAC 的确定需要充分了解资源种群的特征及变动情况和多年的渔获量、捕捞努力量和捕捞死亡率等方面的渔业统计资料，并根据种群特征及变动情况适时调整总可捕量，因此需要对渔业资源进行连续的调查和监测。

（3）可靠的渔业统计制度

TAC 的科学设定，至少有 5 年以上的真实的渔获统计资料，这就需要有可靠的渔业统计手段作为制度支持。在新西兰，TAC 采取以下程序加以确定：首先由政府确定的科学家、渔业界、环保团体、游钓渔业等代表组成渔业资源评估小组，公开作出资源状况的评估，向政府提出 TAC 数量的建议六至七次，再经渔业委员会讨论，最后由农林渔业部长拍板决定 TAC。

目前，大部分碳排放权交易体系的总量确定主要是依据《京都议定书》。由于温室气体排放所产生的效应是全球性的，因此，各个国家的温室气体排放责任是根据各国谈判达成的全球气候变化框架公约来确定。其机理是：根据全球气候变化情景测算出未来全球可容许的温室气体排放量即排放控制目标，再将该控制目标分解到各个国家和地区。2005 年 2 月生效的《京都议定书》是人类历史上第一个具有法律效力的全球气候变化框架公约协议，它确定了各个国家到 2020 年的减排义务，也就理所当然成为各大碳交易体系确定总量控制目标或者碳减排目标的基础。比如 EU ETS 第一阶段的总量目标设定，欧盟委员只是提供了基本的原则，那就是目标设定应该低于"照常经营（Business As Usual）"的排放量并且需要不断向"京都目标"趋近。

在水权交易中，一般没有清晰的总量控制目标，这也与水权的立法有悠久的历史有关。水权的确权于 19 世纪就取得了明显进展，并且得到了法律体制的支持。而水权交易体系在 20 世纪 80 年代才逐渐发展起来，因此，其交易体系所覆盖水权的总量，更多是历史上形成的水权进行重新登记并加总的结果。

4.2.3 不确定性：总量设定的最大挑战

无论采取何种方式，总量设定都会遇到一个难题，那就是：总量削减目标的确定是建立在对未来的预估之上，而未来则充满不确定性。正如卡特赖特所指出的那样："不管我们收集到的数据有多么多，不管我们所用的模型有多么大的全球性和完备性，不管我们对这些数据的检验多么严格，如此等等，在混沌理论看来，预测在某些情况下总不在我们的掌握之中。"（米切尔，2004）

未来不确定性对交易体系的挑战是巨大的。比如，早在 EU ETS 建立之初，就有学者指出，欧盟委员会的分配政策制定过程缺乏对经济发展的潜在影响、对减少排放温室气体的作用以及收益和成本等方面不确定性的充分研究，由此可能导致交易体系的运行存在较大风险（Haar & Haar，2006）。现实的情况是，EU ETS在两阶段施行期间均遭遇到规划时未预期到的全球性经济衰退问题，第一阶段为2008年的美国金融海啸，第二阶段为目前持续发展中的欧债危机。经济衰退严重降低了企业生产能力，造成实际碳排放量远低于当初规划时的预期，导致市场上充斥着过量的碳配额。

4.3 分配理论（一）：方法选择

4.3.1 主要的分配方法

分配方法不仅直接影响最终绩效，而且具有很强的再分配效应，因此利用交易体系来代替传统的命令与控制型政策，分配方法的选择往往成为讨论的焦点和政策设计的难点。

目前主要有三种基本的分配方式：祖父法、绩效法和拍卖法。

（1）祖父法

按照"先到先得"的原则进行分配，即根据个体的历史占有量或者排放量确定在交易体系中的配额。

（2）绩效法

就是基于一定的绩效标准将资源使用量或排污权免费分给所有的污染源，绩效标准可以是基于投入（input-based），如电力机组的耗用燃料量，渔业中的渔船捕捞能力；也可以是基于产出（output-based），如机组单位发电量所产生的污染量、单位渔船的年渔获量。计算方法为：管制部门按照总量指标和预计的产量水平，计算单位投入或产出的排污量，作为参考标准；然后，再根据参考标准计算出某个确定的年份中单个个体的配额数量。

（3）拍卖法

拍卖分配法就是首先有管制部门确定出一个地区一定时期内总的允许配额总量，由管制部门通过竞价方式分配给管制对象的分配方式。拍卖体现了"使用者付费"和"污染者付费"原则。

拍卖法又分为许多方式，主要有密封拍卖与公开叫价拍卖两种。

在密封拍卖中，投标者同时向拍卖商提交需求表，需求表是按不同价格下的需求量编制的，拍卖商根据这些数据构筑总需求线，总需求线与总供给的交点所对应的价格即为出清价格。在此价格之上的所有投标者都会成交，而在出清价格上则按数量配给，而低于出清价格的投标将会遭到拒绝，中标者将按照所报价格或是出清价格进行支付。

叫价拍卖又有两种具体的方式：需求表拍卖与叫价时钟拍卖。前一种方式在每一轮中，投标者提交需求表，并按照这些需求表绘制需求曲线，产生出清价格，然后成交，再进入下一轮。在后一种方式中，操作方法要更为简单，标示盘上标明现时价格，然后由投标者报出在这一价格下所需求的数量，如果需求数量大于供给量，就提高价格，进入下一轮，直到需求量小于供给量为止。

4.3.2　分配方法的理论比较

研究的一个重点领域是对分配方法进行比较，分析不同情况下不同分配方式对政策目标以及相关经济社会结果的影响。

对于分配方法的争论在资源环境产权交易体系中延续了数十年，至今尚未形成孰优孰劣的结论。

（1）祖父法和绩效法

费雪和福克斯（Fischer & Fox，2004）所建立的模型探讨了排污权交易体系中，祖父法和绩效法可能带来的不同效应，简要模型如下：

假设一个污染企业在产品市场与排放市场上都是价格接受者，企业的减排成本为 $c(x)$，是企业排放量 x 的函数，企业产量为 y，p 是产品市场价格，t 是排污权市场价格。$P(y)$ 是企业的生产函数。

如果管制部门按照祖父法进行分配，某企业一次性获得数量为 A 的配额，那么企业的目标函数为：

$$\pi^{ls} = (p - c(x) - tx)y + tA \qquad 4.1$$

一阶求导可得：

$$-c'(x) = t \qquad 4.2$$

以及

$$p = c(x) + tx \qquad 4.3$$

t 相当于庇古税的税率，也就是说，如果不考虑企业之间的减排成本差异，采取祖父法分配所产生的市场均衡结果与庇古税一样。

如果采取以产出平均绩效为基础的分配方案，并假设管制部门为企业设定的目标排放为 $a = A/y$，那么就有：

$$\pi^{OBA} = [p - c(x) - t(x-a)]y \qquad 4.4$$

均衡解为：

$$p = c(x) + t(x-a) \qquad 4.5$$

比较 4.3 与 4.5 可以得出，相比于祖父法，利用绩效法进行分配，导致的结果是：配额总量会更多，配额的市场价格则相对较低，企业的排放水平相对较高。因此，如果采用绩效法分配，要想达到与祖父法相同的效果，就必须设置一个更为严格的排放率下降目标。然而，即使如此，效率损失问题仍然无可避免，因为绩效法改变了企业的成本收益函数。

但是，绩效法分配也有如下优势。

优势一：有利于效率改进。利用绩效法进行分配，那些排放绩效相对较好的企业成为获益者，这会给全行业的排放绩效改善带来较强激励；而在祖父法中，效率更高或者排放强度更低的企业往往在初始分配中成为净损失者，会产生"鞭打快牛"的负激励效应。

优势二：减少对产出的影响。虽然以产出为基础的分配方法具有相对较差的成本收益性，但对于稳定部门就业与投资是有好处的。因为基于产出的分配方法意味着对产出的补贴，因此，其政策效应会导致企业更加注重效率提升，而不会通过压缩产出的方式实现减排（Bohringer，Ferris & Rutherford，1998）。

优势三：能降低经济波动对资源环境产权交易体系的影响。基于产出的分配方法在一个相对不确定的环境中优势非常明显，因为配额发放总量能够反映经济的波动情况，从而不会出现因经济形势变化而出现的配额严重过剩或不足情况，导致配额市场供需失衡、价格大起大落。

（2）拍卖法和其他方法

对于拍卖法和其他免费分配方法的比较也是研究者所关注的重要问题。大部分研究的结论是，拍卖法具有明显优势。这些优势包括：

优势一：具有成本—效率优势。拍卖法运用价格机制来确定谁应该以什么样的价格来获得多少配额，企业根据自己的需要拍得相应的配额数量，这样就能够自动揭示企业对于配额的真实需求与估价，使得初始分配更为接近市场运行结果，配置效率较高，单一价格拍卖的方式能够导致无偏的价格信号，也使得二级市场有更高的效率（Cason & Plott，1996）。

优势二：更具公平性。免费的祖父分配方法可能会导致对排污量较多企业的过分补贴（Bovenberg & Goulder，2000），在分配效应上是在位者占有了全部的稀缺性价值（Gramton & Kerr，1999），如果在获取历史基数的年份，某一个企业的开工情况较好，那获得的租金将更多，而拍卖法不会出现类似的问题，因为每一个企业都为自己所得到的配额支付了费用，就不存在再分配效应。

优势三："双重红利"效应。一般认为，环境政策的实施容易导致其他领域政策的扭曲，比如劳动力市场与资本市场的税收。拍卖方法能够产生类似于税收的收入流，可以利用"税收循环（revenue recycle）"，即通过将拍卖所得的收入返还给企业，以抵消其他领域的扭曲。

优势四：创新激励效应。拍卖方式能够给企业减排提供更大的激励，尤其是长期减排潜力的提升，由此导致企业更为积极投入到技术创新活动中，在这个方面，免费分配与直接控制型政策都处于最无效率的行列（Milliman & Prince，1989）。

但是，研究也发现，拍卖法也存在着一些劣势。

劣势一：遭致管制对象的反对。一是拍卖法会增加管制对象的成本，从而很容易遭致反对；而祖父法遵循的是尊重企业既有排放的原则，它没有影响企业既有的排放权益，也不会给企业带来额外负担；二是拍卖法与碳税一样，都可能提高能源与相应产品的价格，会降低真实工资，从而导致劳动力供应减少。

劣势二：设计与实施困难。相对于祖父法而言，拍卖的设计更加困难。而如果拍卖机制设计不当，导致的结果可能是更大的效率损失。比如卡森（Cason，1995）研究了酸雨计划的拍卖机制，认为即使其经过了精心设计并得以顺利开展，由于所选择的拍卖方式不科学，导致竞拍价格无法体现真实的排污权价格，从而使得拍卖没有能够发挥出完全的效率。

另外，拍卖法的创新激励效也是难以确定的。Fischer 等（1999）研究了在技术内生的条件下，创新成本、技术被采用范围、减排的环境正效应以及企业数量都会对不同环境政策的效应产生影响，只有在相当严格的条件下，拍卖方法才表现出比较优势。Requate 和 Unold（2003）的研究也认为，从技术采用的角度看，祖父法与拍卖法对于新技术的采用来说并没有造成太大的影响，因为创新主要取决于对未来价格的预期而不是初始价格的设定。

4.3.3 分配方法选择的实践

在实践中，大部分交易体系都以祖父法作为主要分配方式，绩效法在节能证书、可再生能源证书等体系应用较多，而拍卖法则主要作为一种补充或者辅助机制。许多研究认为，祖父法分配虽然在理论上的效率是最低的，但是它的接受度最高。因此，如果考虑到政治可行性，那么最为普通的祖父法可能是最好的分配方法（Vesterdal & Svendsen，2004）。各交易体系的分配已经在第 2 和第 3 章有所介绍，本节再补充介绍各种分配方法的详细实例。

（1）祖父法

水权交易制度几乎完全采取祖父法，实质上是直接沿用了传统水权制度中先占优先权原则。比如，在美国，专用权授予的日期决定了用水户用水的优先权。最早授予的水权专用者拥有最高级别的权利，最晚授予的水权专有者拥有最低级别的权利。在缺水时期，那些拥有最高级别水权的用户被允许引用他们所需的全部水资源，而那些拥有最低级别水权的用户被迫限制甚至全部削减他们的用水量。在一般情况下，用水户的权限不会被轻易改变，只要水资源得到了合理、高效利用并提交了所要求的报告，一般情况下水权就会延续。

水权交易制度建立之后，管制部门会对既有水权进行进一步的清晰化和产权化，理顺水权中的模糊之处和纠纷，并赋予水权以可交易属性。一般的，水权的确定需要经过一个申请审批过程（见表4-1）。

表4-1　加州先占优先用水许可的申请步骤

步骤	委员会作用	申请人作用
提出申请	协助申请人准备表格	准备申请书并交纳申请费
受理	在30日内通知申请人：接受申请，确定优先权日，或要求补充材料	在60日内补充齐全相关信息和材料，否则申请会被驳回
环境审查	评估拟议中项目的环境影响	承担对项目进行环境影响评估的费用
公告	水管部门向申请人送达有关申请公告	申请人必须在40个连续工作日内在项目实施周围两处显著地点张贴公告
异议	公告期间，水管部门接受其他团体或个人的异议	异议一经提出，项目申请人应当以书面形式作出解释并协商和解，使对方撤回异议
听证	如果异议不能和解，则举行听证会，由水管部门根据收集的信息作出裁决	收集并在听证会时提出证据，与水管部门和异议方达成和解
发放用水许可证	如果批准了用水申请，发放许可证	交纳相关费用，按照许可证要求进行取水并采取保护

资料来源：王小军.美国水权制度研究[M].中国社会科学出版社.2011：99-100.

（2）绩效法

绩效分配方法主要应用于排污权交易、白色证书和节能证书交易体系。美国酸雨计划的排污权分配时基于这样的公式：

排污权配额数量 = 单位热力排放率 × 基期燃料投入热力值

单位电力排放率采取的是基准值，设定为 2.5 磅二氧化硫/百万 Btu，代表着当时电力行业的平均排放基准；而基期燃料投入的热力值是 1985—1987 年的三年平均数，如果一个排放源是 1985 年之后才开始投产，投入平均值投产最初 3 年的平均水平。

大部分白色证书交易体系中，单个实体所需完成的节能量责任，分配依据往往是其产量、销售量或者市场份额来决定的。

这主要是由于这两个交易体系的管制对象，即电厂或者能源供应商，其生产的投入或经销的产品电力相对单一，就可以较为容易地确定基准值所致。

（3）拍卖法

拍卖方法只在少部分交易体系中起到补充的作用。比如，在渔业交易中，往往是将分配剩余部分以拍卖的方式加以分配。以爱沙尼亚为例，2000 年爱沙尼亚建立个别配额转让（ITQ）制度，所设定拍卖机制为：政府无偿分配 TAC 的 90% 给予国内的渔业业者。剩下的 10%，则拍卖给予国外渔业业者或是国外与国内渔业合作之业者。在美国酸雨计划中，将 1.5% 的配额拿出来拍卖，而且是在分配给企业之后，由企业进行拍卖。

当然，也有一些小型的交易体系采取了完全的拍卖方式。在 EU ETS 建立之前，英国尝试建立碳交易体系（UK ETS），英国环境、食品与农村事务部（DEFRA）采取了一种全新的拍卖方式，它安排了 2.15 亿的财政资金以拍卖的形式来补贴直接参与者，具体的操作方式是"价格递减式拍卖"：DEFRA 设定一个以"英镑/吨二氧化碳当量"计的底价，参与竞拍的企业提出一个减排量目标以及所希望获得的财政补贴额度，"英镑/吨二氧化碳当量"最低的企业根据其减排量获得财政补贴。利用这种方式，参与竞拍的企业以三年减排 396 万吨二氧化碳当量的减排承诺"拍"得了 2.15 亿英镑的财政补贴。在碳交易体系中，到了第二期分配，才有部分国家将少量配额拿出来拍卖。

（4）混合方法

渔业则主要采取祖父法和绩效法相结合的办法，前者根据捕捞量，后者按照捕捞能力，只有在对国外渔船分配配额的时候，才会使用到拍卖法。比如，新西兰、冰岛等国的渔业捕捞权总量一般是在总可捕捞量确定后，根据过去 3 年的捕捞实绩，确定个别渔船的分配比例和分配数额。澳大利亚也是根据《渔业法》，将捕捞权的初始配额分配给那些到 1985 年 5 月中旬为止拥有捕捞许可证的渔民，这些许可证是根据 1983 年的渔业法进行颁发的。与此同时，管理部门还要求获得配额的渔民（包括捕捞公司或捕捞群落等）必须能够提供一定的证据，表明在 1982 年至 1983 年他们完全或主要依靠捕鱼为生。在 1983 年 10 月份由大约 46%的捕捞许可证渔民并非以捕鱼为生，而被定义为业余捕捞者（part-time fishers），定义为业余捕捞者的结果是，他们将被排除在配额发放对象的范围内。在美国，渔业行政管理机构以简单的抽签（lottery）或者延期偿付（moratorium）等方式，选择捕鱼者、渔船或者渔具品质，发给限制许可证，对于申请人的资格，基于个别的捕捞历史、从事捕捞的独立作业性和以往的捕捞成效等因素予以审核，这种方法实际上是一种变形的绩效法。

EU ETS 尝试多种分配方法的组合，那就是以祖父法为主，尽可能提高绩效法和拍卖法比例。但是，至今为止祖父法仍然占据主导。其他方法难以应用的原因在于：虽然绩效法是欧盟委员会极力推荐实施的方法，但由于排放基准线建立的成本过于高昂且充满争议，因此此方法基本上只在没有历史排放数据的新排放源中应用；而拍卖法只有在少数国家得到了应用，其比例一直很低（见表4-2）。

表4-2　部分欧盟各国的碳排放权分配方法

成员国	既有排放源分配	新增排放源
奥地利	祖父法	绩效法
比利时	不同地区有差异	不同地区有差异
丹麦	祖父法（95%）拍卖（5%）	绩效法
芬兰	祖父法	绩效法
爱尔兰	祖父法（99.25%）拍卖（0.75%）	绩效法
希腊	祖父法	预测排放量
卢森堡	祖父法（98.5%）拍卖（1.5%）	绩效法

当然，还存在一些其他分配方法。比如智利和墨西哥等国家水权交易体系采用了比例水权方法。该方法是按照一定认可的比例和体现公平的原则，将河道或渠道里的水分配给所有相关的用水户。在墨西哥，水权在技术上根据水量，而不是根据河流或渠道水流的比例来分配，灌区和用水者协会负责建立相应的程序在他们的管辖范围内分配多余的或短缺的水资源。多余和短缺的水资源将简单地按比例分配给所有用水者，例如，如果流量比正常低20%，那么所有水权拥有者得到的水资源也将降低20%。该程序有效地将计量水权转变成了按比例的流量权利。在智利，水权是可变的流量或水量的比例，这样的好处是水权拥有者能保证拥有一定数量的水权份额。如果水资源充

足，这些权利以单位时间内的流量表示（每秒升、每年或月的立方米），如果水资源不充足，就按比例计量。

4.4 分配理论（二）：策略性行为

4.4.1 信息不对称和机会主义行为

传统的资源环境产权分配模型没有考虑信息问题，其暗含的假设是：管制部门知道企业资源使用和污染排放信息，因此能够进行准确分配。但现实中，管制部门很少知道真实的节能减排成本，这就给分配带来了很大困难。运用博弈论分析框架，可以帮助理解信息不对称对配额分配的影响。

科威瑞尔（Kwerel, 1997）较早探讨了管制部门在不知道企业真实成本的情况下，是否找到有效的分配方案这个问题。模型如下。

假设在采取排放权交易的情形下，企业 i 获得的排污许可是 L_i，配额市场价格为 p，那么企业的成本相当于自身的治理成本加上需要从市场上购买配额花费的成本（如果卖出配额，则成本为负，即收益）。

企业的目标函数为：

$$\min_{x_i, L_i} C_i(x_i) + p(x_i - L_i) \qquad 4.6$$

一阶求导结果可得：

$$C_i'(x_i) + p = 0 \qquad 4.7$$

如果管制部门不知道企业的排放信息，只能根据企业的自我报告进行分配。在最大化目标下，由于企业的成本函数是配额价格 p 的递增函数，每个企业都希望降低 p，增加配额 L 的数量。依靠自我报告的结果是：企业虚报配额，管制部门发行过多配额。因此,依靠自我报告方式无法确保政府能够得到真实信息。在这种情况下,排污权交易体系无法建立。

科威瑞尔认为,一个免费分配加补贴的政策可以解决问题,那就是:企业免费分配得到 L_i,如果企业的实际排放少于 L_i,那么就补贴 e,在这种情况下,均衡的结果是 $c_i' = p = e$。这相当于管制部门以 e 的价格"购买"所有的过剩配额,使价格维持在与企业边际减排成本相等的均衡点上。杜干和罗伯茨(Duggan & Roberts,2002)设计了另外一种方案来解决信息不对称问题,他们的模型假定,虽然管制部门不知道企业的特征但是企业相互了解彼此特征,因此可以建立一种机制让企业去报告其"邻居"的排放情况。但是,这并没有实践应用价值。

这个简单的模型揭示了在分配过程中所存在着的信息问题以及它所带来的严重后果,该结论得到了众多支持,比如里维斯和萨平顿(Lewis & Sappington,1995)的研究发现,现实中,企业有激励夸大对配额的估价,目的是为了使管制部门认为企业通过购买方式获得配额的代价过大,以争取到宽松的分配政策。信息不对称问题也会严重影响其他分配方式的效率,包括拍卖。威尔逊(Wilson,1979)证明了在信息不对称情况下,即使存在着很多竞拍者,单一价格拍卖的均衡价格会远低于二级市场的配额价格,主要原因是企业有很强的激励隐藏真实需求以压低报价,如果企业串谋起来压低成本,则后果更为严重。

现实中,信息问题如此严重,以至于一些交易体系不得不依靠简单的估算来作为配额分配的依据。比如智利的总悬浮物排放权交易体系中,完全依靠所获得的企业技术参数来估算排放量,其思路很简单:将企业所在行业的单位产出排放率乘以企业年度可能最大产出量。由于估算的准确率很低,该交易体系根本无法正常运行。

　　而EU ETS第一阶段就因为严重的信息不对称问题而产生配额分配过量，导致了2006年碳配额市场的崩溃。EU ETS第一阶段的分配方案采取的是各成员国自报方案的方式进行，欧盟委员会要求所有成员国都必须在2004年3月31日之前向欧盟委员会提交《国家分配计划》，要求该计划对本国的总体减排目标做出宏观分析、对覆盖行业做出中观分析、并对纳入设施情况做出微观分析，明列加入交易体系的设施、对应的分配额度、决定其分配额度的方法等。尽管欧盟对许多内容作了非常详细的规定，但各个国家提交的计划存在着很大差异，一些国家非常详细但另一些则相对简单而粗略，与此同时，由于在具体的分配方法上，成员国有较大的主动权，各个国家都有动力尽可能站在本国企业的立场选择分配方案。最终导致的结果是，除了奥地利、爱尔兰、意大利和西班牙四国之外，其他国家申报的分配配额均过量（表4-3）。

表4-3　EU ETS碳排放配额的初始分配

	2005年配额 （百万吨CO_2）	2005年排放量 （百万吨CO_2）	差额 （百万吨CO_2）	差额 （%）
合计	2087.9	2006.6	81.3	3.9
德国	495.0	474.0	20.9	4.2
波兰	235.6	205.4	30.1	12.8
意大利	215.8	225.3	−9.5	−4.4
英国	206.0	242.5	−36.4	−17.7
西班牙	172.1	182.9	−10.8	−6.3
法国	150.4	131.3	19.1	12.7
捷克	96.9	82.5	14.5	14.9

续表

	2005 年配额 （百万吨 CO_2）	2005 年排放量 （百万吨 CO_2）	差额 （百万吨 CO_2）	差额 （%）
荷兰	86.5	80.4	6.1	7.1
希腊	71.1	71.3	−0.1	−0.2
比利时	58.3	55.4	3.0	5.1
芬兰	44.7	33.1	11.6	25.9
丹麦	37.3	26.5	10.8	29.0
葡萄牙	36.9	36.4	0.5	1.3
奥地利	32.4	33.4	−1.0	−3.0
斯洛伐克	30.5	25.2	5.2	17.2
匈牙利	30.2	26.0	4.2	13.9
瑞典	22.3	19.3	3.0	13.3
爱尔兰	19.2	22.4	−3.2	−16.4
爱沙尼亚	16.7	12.6	4.1	24.6
立陶宛	13.5	6.6	6.9	51.1
斯洛文尼亚	9.1	8.7	0.4	4.6
拉脱维亚	4.1	2.9	1.2	29.9
卢森堡	3.20	2.60	0.60	19.40

资料来源：以上数据来源于 CITL，差额为正代表配额超额发放。

　　大部分交易体系采取的做法是，建立系统而健全的数据信息系统来解决信息部不对称问题。现实中，也有一些交易体系采取了类似于科瑞威尔所提出的方案。比如，新西兰的 ITQ 交易体系在 1984 年制定了一套历史配额回购计划，即在总可捕量会发生和实际配额总量不一致情况下，政府通过回购或出售配额来调节总量和实际配额量的平衡。政府若决定降低捕捞量，就会提供机会让渔民向政府出售配额。采用这种方法，新西兰政府在 1986 年利用 4500 万的资金回收了 15800 吨配额，1987 年又支出了 140 万收购配额。该制度帮助政府解决了配额制度实施初期暴露出来的生物养护需求和社会经济管理需求的矛盾(贾秀明，2009)。

4.4.2 寻租和游说

寻租是权力上的"弱者"用金钱向权力上的"强者"游说最终获得非分受益(或称法外收益)，是为了取得额外收益而进行的疏通活动。租金来源于政府管制，只要政府不取消管制，租金就不会消散。租金的来源渠道分为政府无意创租、政府被动创租和政府主动创租等三种渠道。所谓无意创租，指政府为解决"市场失灵"而干预社会经济活动时产生的租金，该租金产生于政府"良好的主观意愿"，资源环境政策中的租金主要是这种形式。

配额分配是一个利益再分配的过程，因此游说和寻租问题难以避免，像美国的排污权交易制度在配额分配环节甚至滋生了寻租文化（Stavins，1997）。在酸雨计划排污权交易体系中，虽然美国联邦环保局确定了非常清晰的分配方法，但是各种利益集团仍然展开了非常活跃的游说活动。配额分配工作从 1989 年就已经开始展开，但是一直到 1993 年才结束，整个过程耗费了约 4 年时间。各方争论的焦点是如何处理老发电机组与新发电机组、高排放州与低排放州之间的关系。联邦环保局最终作了较大妥协，设置了各种预留与奖励名目下的配额，这些配额实际上分配给了那些排放较多以及拥有高硫煤矿的州，比如俄亥俄、印第安纳和伊利诺斯等。而像乔治亚州由于电力产业规模较小，在分配中处于明显劣势。

游说对分配的影响是多方面的。最为直接的结果是，管制者会被游说从而增加配额总量，而增加的程度取决于寻租活动的强度（Chung, 1996；Hanoteau, 2005）。游说也可能是决定分配方式选择的主要原因，利益集团的寻租行为导致大部分交易体系通常被迫采取免费的祖父法分配方式（Yu-Bong Lai, 2008）。

安格尔（Anger, 2008）分析了寻租力量如何影响祖父分配方法，他所构建的模型包含了一个产业游说集团与公众，前者希望获得宽松的配额并展开游说，而后者倾向于严格的总量控制目标。模型的结论是：如果管制部门将政治支持最大化作为目标，其分配决策就会受到游说集团影响，配额分配将偏离最优结果，偏离程度取决于游说力量的大小。但管制部门也可能会将公共利益置于首位而采取公正的分配方案。但是公正的方案并不那么容易出现，一些海洋渔业捕捞权交易体系的研究发现，商业渔民、中小渔民、海洋资源保护主义者之间对最优捕捞量的确定和分配存在着较大分歧，虽然不同的渔业群体能够通过协商找到一个理论上的最优捕捞总量，但是在渔民与环境保护主义者之间就难以达成共识。比如，在挪威的一些捕捞权交易体系，因为有渔业公司希望获得独占地位，使得谈判陷入僵局而导致整个配额交易体系无法实施（von de Fehr, 1993）。

寻租行为也影响到所有能够产生"税收循环"效应的分配方式。拍卖方法也可能因为游说问题而产生效率损失，企业同样会对拍卖方式和拍卖规则进行游说（MacKenzie & Ohndorf, 2011）。而在"税收循环"的拍卖方式中，对于企业来说，同时产生了一次支出与一次收入，由于租金量更大，寻租问题会更加严重。因此，考虑到寻租问题，免费分配可能比其它分配方式具有优势。

4.4.3　分权体制和委托代理问题

配额分配过程中，会涉及到两大分权体制所造成的问题：一种是跨国交易体系，比如 EU ETS；另一种是管理权涉及到一个国家内部多层、多级政府管制部门，比如美国的酸雨计划。采取分权管理的主要原因在于：一是资源环境产权交易管理体制需要与既有的行政分权结构相吻合，尤其是跨国交易体系中，国际组织的作用无法凌驾于国家的司法主权之上；二是如果一个交易体系覆盖的企业数量过多，由单一层级的管理机构加以管理，获取信息的难度和管理的复杂程度都会太大，也有必要采取分级分权模式。

分权体制带来的问题是，下级管理部门相比于上级部门拥有信息上的优势，这一方面便于他们进行管理，另一方面也可能导致他们出于本辖区的利益考虑采取机会主义行为。

德安马托和瓦伦蒂尼（D′Amato & Valentini，2006）分析了在多国共同参与的排放交易体系中可能出现配额发放过多从而扭曲价格信号的问题。他们的模型假设由两个国家组成的交易体系，由于污染是跨界的，那么最好的方式是交给一个超国家的权力机构来实施分配。否则，每个国家都会出于本国福利最大化而不是按照污染排放总体社会成本最小的考虑来发放配额数量。他们的分析得出两个基本结论：

第一，如果由各国分别制定本国的分配政策，那么配额发放总量会远远多出最优情况，导致配额市场严重供过于求，配额价格过低。因为对每个国家来说，增加本国企业的配额发放量意味着可以提高本国的社会福利。

第二，如果由各国分别制定本国的分配政策，环境损害较高地区的企业会成为配额的净买入方，而环境损害较低地区的企业会成为净卖出方。这主要是由于，环境损害较高地区污染排放的边际社会成本较高，它们设置的配额总量相对较少，导致该国企业的配额较少，从而成为配额市场上的买方；而环境损害较低的国家则会制定更为宽松的配额政策，导致该国的企业持有更多配额，从而成为市场上的卖方。

该结论同样适用于一个国家内部多级管理的交易体系，但是情况会有所差异，主要在于：与跨国机构较难对不同国家进行管理协调不同的是，在一个国家内部，上级部门较容易对下级部门实施管理，并努力使得交易体系按照自身的意愿开展，从而使得问题相比于跨国交易体系的情况相对较轻。但是，上下级部门之间同样会也存在着严重的信息不对称问题，即下级部门对本地区企业和排放情况比上级部门更为熟悉，由中央政府统一实施的分配方案会降低下级部门的信息租金，但企业的信息租金会大大增加；如果主要由地方政府来实施分配，那么地方政府的策略性行为就无法避免（Malueg & Yates，2009）（见表4-4）。决策者就必须在两种方式之间进行平衡，适当配置与下级政府之间的权力比例和权力结构，以最大化信息租金。

表4-4 分权体系下的分配模式选择

	集权分配方式	分权分配方式
政府信息租金	低	高
企业信息租金	高	低

4.4.4 分配中的动态博弈

产权交易方式的动态博弈存在如下两种情况：一是从传统的命令与控制型政策向配额交易政策的过渡；二是不少交易体

系分为多阶段实施，如 EU ETS、酸雨计划。

考虑到动态因素，加入交易体系的企业会产生另外一种策略性行为，那就是为了在下一阶段获取更为宽松的分配方案，而在本阶段采取资源滥用和污染过多排放的举措。拉普兰特等（Laplante et al.，1997）分析了从命令与控制型政策转向交易方式转变过程中，企业采取这种策略性行为带来的不良后果。其两阶段模型如下。

假定存在两个产业，一个是竞争性的，另一个是双向寡头垄断。产品市场上，消费者的福利函数模型为：

$$U = u(q^1, q^2, E) + m \qquad 4.8$$

其中，q^i（$i=1，2$）是不同产业的产出。

企业的排放是 $\qquad e^i = e^i(a^i) \qquad 4.9$

其中 e^i 是单位产出排放量，a^i 是单位产出的减排成本，即企业的排放量是减排成本的函数，有 $e_i^i < 0$，$e_{ii}^i > 0$。

那么，企业的总成本是生产成本与减排成本的函数：

$$C^i = C^i(q_i, a^i) \qquad 4.10$$

设定 $\partial u / \partial q^i = p^i(q^1, q^2, E)$ 是逆需求函数，$R^i(q^1, q^2) = p^i q^i$ 是企业所能获得的预算。寡头部门的两个企业行为是标准的古诺均衡。

（1）在第一阶段，管制部门对每个企业都设置了排放限额 $\hat{e}$。在配额交易阶段，管制者将总数为 $\overline{E}$ 的配额发放给企业，企业得到的配额数量为：

$$\overline{E}^1 = g[e^{it}(a^{it})q^{it}]，\overline{E}^1 + \overline{E}^2 = \overline{E} \qquad 4.11$$

那么企业 i 的目标函数是：

$$\max_{q^{it}, a^{it}} \pi^{it}(q^{1t}, q^{2t}, a^{it}) = R^{it}(q^{1t}, q^{2t}, E) - C^{it}(q^{it}, a^{it})$$

$$4.12$$

满足：$e^{it}(a^{it}) \leqslant \hat{e}$。

一阶最优结果为：

$$\frac{\partial \pi^{it}}{\partial q^{it}} = R_i^{it}\left(q^{1t},\ q^{2t},\ E\right) - C_{q^{it}}^{it} = 0 \qquad 4.13$$

$$\pi_{\alpha_e}^{it} - \lambda^i e_i^{it}\left(\alpha^{it}\right) = -c_{\alpha_e}^{it} - \lambda^i e_i^{it}\left(\alpha^{it}\right) = 0 \qquad 4.14$$

$$\lambda^i\left[\widehat{e} - e^{it}\left(\alpha^{it}\right)\right] = 0,\ \lambda^i \geqslant 0 \qquad 4.15$$

（2）在第二阶段，管制部门设置了配额交易体系方式，那么企业 i 的最大化问题变为：

$$\max_{q^{it+1},\ \alpha^{it+1}} \pi^{it+1} = R^{it+1}\left(q^{1t+1},\ q^{2t+1},\ E\right) - c^{it+1}\left(q^{it+1} + \alpha^{it+1}\right) - p\left[e^{it+1}\left(\alpha^{it+1}\right)q^{it+1} - \overline{E}^i\right] \qquad 4.16$$

p 为配额市场的价格，假设寡头企业在配额市场上是价格接受者。那么一阶最优结果为：

$$R_i^{it+1} - c_{q^{it+1}}^{it+1} - pe^{it+1}\left(\alpha^{it+1}\right) = 0 \qquad 4.17$$

$$-c_{\alpha^{it+1}}^{it+1} - pe_i^{it+1}\left(\alpha^{it+1}\right)q^{it+1} = 0 \qquad 4.18$$

（3）如果企业在第一阶段就预期到第二阶段的管制变化，那么企业的最大化问题为：

$$\max \pi^{it} + \delta\pi^{it+1} \qquad 4.19$$

满足 $e\left(\alpha^{it}\right) \leqslant \widehat{e}$。

其中，δ 为贴息率，那么企业的均衡条件为：

$$R_i^{it} - c_{q^{it}}^{it} + \delta pg_{q^{it}}\left[e^{it}\left(\alpha^{it}\right)q^{it}\right] = 0 \qquad 4.20$$

$$-c_{\alpha^{it}}^{it} - \lambda^i g_{\alpha^{it}}\left[e^{it}\left(\alpha^{it}\right)q^{it}\right] + \delta pg_{\alpha^{it}}\left[e^{it}\left(\alpha^{it}\right)q^{it}\right] = 0 \qquad 4.21$$

$$R_i^{it+1} - c_{q^{it+1}}^{it+1} - pe^{it+1}\left(\alpha^{it+1}\right) = 0 \qquad 4.22$$

$$-c_{q^{it+1}}^{it+1} - pe_i^{it+1}\left(\alpha^{it+1}\right)q^{it+1} = 0 \qquad 4.23$$

可以发现，如果企业事先知道在第二阶段要建立产权交易体系，就会尽量增加第一阶段的产量 q，以占有信息租金。企业的这种行为会导致第一阶段污染排放增加，并使得第二阶段建立的产权交易体系偏离帕累托最优，降低社会福利。

斯特纳和穆勒（Sterner & Muller，2008）则讨论了多阶段配额交易体系实施中的问题，他们得出的结论是：分配应该始终坚持采用第一阶段确定的方法，包括分配的具体计算方式与基准年。相反，如果分配规则随着时间的推移而变化，企业就有动力超额排放或扩大产量，以期在下一阶段的分配中得到更多配额。贝宁格和郎（Bhringer & Lange, 2005）进一步认为，即使分配方法需要调整，下一阶段的分配也不应该与上一阶段的企业产出或排放水平挂钩，否则会激励企业扩大产能并且对节能减排投入不足。他们认为，最好的办法是将下一个阶段的分配方式与前一阶段的产量和排放量无关的变量进行组合的方式加以确定。

该问题也得到现实政策设计者的重视。纳什（Nash, 2009）在对渔业捕捞权配额分配的研究中发现，相当部分的管制部门都是根据在捕捞权政策出来之前很多年就已经确定的法定捕捞限制或者历史捕捞量作为配额分配依据，他将这种方法定义为"回顾法"，并认为"回顾法"是避免渔民策略性行为的一种有效手段。

但是，大部分对于动态分配中策略性行为的分析中，都没有考虑管制部门可以根据前一阶段的信息来更为科学地制定下一阶段分配方案这一重要事实。EU ETS 的实践表明了这一点也是非常重要的。

EU ETS 第一阶段配额的发放过量导致了配额市场的崩溃，但是，第一阶段的市场运行结果与核查数据也大大降低了欧盟委员会与成员国以及企业之间的信息不对称程度。在第二阶段，欧盟委员会能够对实际排放情况作出更为合理的判断。2006 年，27 个成员国向欧盟递交了 EU ETS 第二期的《国家分配计划》，这些计划中的配额总量超出了经过核查的 2005 年排放水平的 5%，也超出了照常经营（Business As Usual，BAU）模型等方法所预测的排放量。如果加上补偿项目的 CER 数量，将会导致出现一个严重供大于求的市场。2006 年 12 月 29 日，欧盟委员会评估了 11 个国家分配方案，除了英国之外，全部否决，并建议将总体的二氧化碳控制目标从增长 5% 的调整为减少 5%（相对于 2005 年的核查结果）的目标，以保证配额总量低于历史水平以及 BAU 模型预测的结果。许多成员国提出反对，进行了申诉，并提出要通过法律手段来解决这个问题，导致欧盟委员会遭到了有史以来最大的挑战。尤其是德国，反应非常强烈，甚至准备向欧洲法庭提出对欧盟的指控。欧盟委员会还是坚持否定德国的国家分配计划。而德国由于当年要主持召开八国集团首脑会议（G8 峰会）等原因，为了减少负面影响，最终还是接受了欧盟的建议，进行调整。法律上的威胁最终得以过去，第一轮的申述很快结束。最终，欧盟委员会实现了既定目标，最终的分配方案在成员国《国家分配计划》基础上削减了 10% 左右。

4.5　小结

确权和分配是资源环境产权交易研究最为活跃和政策实施中争论最为集中的领域，这个环节在很大程度上决定了交易体系的运行绩效，也决定了单个管制对象在交易体系中的利害得失。目前国内的研究主要集中于分配方法的选择上，但对其他两大同样关键的问题还没有引起足够重视：一是如何确定合理的总量，二是如何解决分配过程中的信息不对称和策略性行为问题。信息不对称是策略性行为能够存在的重要原因，而游说活动、分权体制和交易体系的动态调整都可能会进一步使得策略性行为加剧，像一些大型交易体系，比如 EU ETS，严重的信息不对称、欧盟委员会和成员国之间的分权结构、多阶段的体系建设思路等使得各种策略性行为交互作用,合理分配的难度更大。相对而言,一些小型的交易体系,在确权与分配中遇到的策略性行为就要少很多,也相对容易处理。

5 合规机制设计

合规机制（compliance mechnism）指管制机构为了确保政策有效实施而相应采取的监督、惩罚等措施。本章在介绍一般公共政策合规问题的基础上，分析资源环境产权交易体系中合规机制设计问题的特殊性，介绍典型产权交易体系合规机制设计案例。

5.1 政策与合规

5.1.1 资源环境政策中的合规问题

一般的理论普遍假设管制对象对政策是遵从的（Cropper & Oates，1992），而现实中，违规现象普遍存在，在资源环境领域同样如此。在比利时弗兰德斯地区，高达 38% 的纺织企业都不能完全符合环境规范（Rousseau，2005）；在挪威，污染控制权威部门对 1997—2002 年的检查结果显示，79% 的企业至少都存在着一例以上的违规行为，而 72% 的违规事件发生之后，没有相应的惩罚性措施；在英国，水环境标准管理的合规率从未达到 100%，甚至有些时期有些地区只有 50%；在全球渔业市场中，有 20% 的捕捞是非法且没有报告，西南太平洋非法捕捞的比例在 1980 年是 15%，到 2000 年上升到 32%（Agnew，2009）；美国国家审计办公室的报告认为，美国80年代末大约有65%的排放源可能在某种程度上违反了空气污染排放限制（Russell，1990：255）。不合规现象带来的后果是非常严重的，那就是管制结果背离政策目标甚至落空。

因此，新的研究往往把公共政策中的管制对象看成是利益最大化的行为主体，他们会依据成本和收益情况来确定对管制政策的反应方式。企业不会自动选择合规，只要能得到利益，选择不合规行为同样是合理的。来自于微观层面的证据表明，企业对管制的反应是多样的，按照奥利弗（Oliver，1991）的分析，企业在制度压力下响应行为的主动性程度，至少有默许、妥协、躲避、违抗和操纵五种，它们依次反映了企业响应程度从弱到强的变化过程，后三种都隐含着违规。而在资源环境政策中，企业会出于法律的威慑而采取合规行动（Pashigian，1982），但是如果缺少了强制措施的保障，企业的行动就难以预料，甚至是那些主动进行选择合规的企业，也并不是因为对政策的被动反应，而可能是为了避免规制机构实行更严格的规制水平（Innes & Sam，2008）。当然，除了政策本身之外，来自市场、社区以及证券市场等方面的压力，企业自身的态度、认知和主体规范等因素都可能对合规行为产生影响（Hines，1986；Guagnano，1995），合规机制极为复杂。

因此，必须放弃认为公共政策的制定就等于实施的观点，应将政策实施看成是规制机构与被规制企业之间的博弈过程。在现实中，企业的行为难以检测，管制部门为了获得准确数据往往需要付出很高的成本。因此，违规现象并不总是能被发现；另外，惩罚机制也并不一定能够实现对企业的有效震慑。

5.1.2 监督机制和惩罚机制

合规机制设计的核心问题是如何配置监督与惩罚：监督机制决定了企业违规行为被查出的几率，惩罚机制决定了企业因违规行为所可能遭致的损失。加里·贝克尔（Becker，1974）建立的模型对此展开了讨论，得出的基本结论是：潜在的犯罪主要取决于被发现的可能性及惩罚程度的严厉性。

加里·贝克尔的简化模型为：管制部门决定检查频率和罚款水平，行为者则追求服从规制成本与罚款之和最小化，如果某种犯罪的潜在收益是 E，有可能以 P 的概率被发现并接受额度为 F 的罚款，那么在 $PF \leq E$ 的情况下，犯罪的潜在收益大于潜在成本，犯罪才可能出现。因此，提高检查力度 P 或者罚款额度 F，都可能降低潜在的犯罪率。加里·贝克尔认为，由于增强检查力度是有成本的，那么管制部门最优策略就是提高罚款额度，因为这样能够对犯罪起到较好的威慑作用，但却无需增强检查力度。

加里·贝克尔的模型同样适用于资源环境政策：假设管制部门要求企业安装某种特定的环保设备，企业如果选择合规，就要付出的成本。如果不安装，节约成本为 E，检查被发现的概率为 P，企业将面临 F 的罚款，那么企业在 $E \leq PF$ 的情况下才会合规。

加里·贝克尔开启的研究线路将管制部门与管制对象理解成为"猫与老鼠"的问题：应该在成本收益原则下尽可能增强监督与惩罚的力度，以减少违规率。他的模型得到了一些经验证据的支持，但是也遭到很多质疑，比如"哈灵顿悖论"。

所谓"哈灵顿悖论"，指的是在环境政策实施中所存在着一种典型化事实：低惩罚力度与高合规率相对应。这是哈灵顿

（Harrington，1988）在对大量环境政策实证研究基础上提出来的，比如，来自美国国家环境保护局和总审计署的各种现场检测数据表明，即使惩罚机制并不严厉，大多数管制对象在大部分时间里是遵守相关环节政策的。与此同时，在大部分国家的政策中，管制部门都会花费较多的精力进行监测，却设置相对较低额度的罚款。

这些问题的发现推动了对合规行为研究的不断深入。总结起来，管制对象的合规行为选择会受到如下因素的影响。

（1）政策目标设置的合理性

在监测机制不完善的情况下，管制部门如果设置了过于严厉的资源环境政策目标，就意味着企业违规的潜在收益增大，可能会导致更多的企业采取违规行为，尤其是在监督成本过高从而导致管制机构无法做到有效监督的情况下更是如此。

（2）层级部门的委托代理关系

在多层行政管理体系中，一些政策可能由上级部门制定之后交由下级部门执行，这会导致政府层级间的委托代理关系。布里和帕特森（Burby & Paterson，1993）研究了多层政府之间的关系，基本结论是：一方面，地方政府有信息优势，更为熟悉企业情况也更容易获得企业的支持，由其实施监督可以降低成本；另一方面，地方政府会考虑本地的经济发展与就业，从而可能采取宽松的监督策略，甚至会采取"象征性合作"的做法，"如果与中央政府的政策合作限制了地方政府的政策空间，而中央政府又无法检查时，地方政府多会采取象征性合作的方式。因为地方政府不愿意公开拒绝与中央政府合作。"（布雷塞斯和霍尼赫，1987）这就需要合理地进行权力配置。

（3）不确定性

在相对稳定的政策环境中，清晰、准确的政策有助于企业合理安排合规策略，但不确定性可能对此造成影响。

一是政策模糊所导致的不确定性。虽然大部分资源环境政策都是以法律的形式确定的，但是法律条文可能并不清晰，而"对法律的不服从还可能产生于法律的含糊不清，规定不具体或冲突的法律标准"（安德森，1990）。在法律标准不确定的情况下，企业就很难形成稳定的预期，因为即使企业认真执行政策，都有可能因为管制部门对法律条文的不同解释而遭受处罚。

二是资源使用和污染排放的不确定性。比如，由于天气或者其他方面条件的变化，导致在同一区域内能够捕捞到的鱼量会出现一定的差异。

另外，还有因为检查设施所导致的不确定性，包括设备故障、投入物品质量的差异、处理过程出现问题以及操作错误等。

（4）企业的风险厌恶

波林斯基和夏维尔（Polinsky & Shavell，1979）将污染企业的风险规避行为纳入合规模型，发现加里·贝克尔提出的由低频率监督和高额罚款构成的合规机制都不是最优的，企业普遍会高估管制部门的检查几率和惩罚力度，并会认为在正式规定的惩罚措施之外可能还会在管制部门其他政策中也遭受不利影响，从而出现过度合规（over-compliance）的现象。因此，如果企业是风险规避的，就应该降低管制标准。

（5）企业规模和企业能力

合规还取决于企业是否能对政策条文做出正确的领会和理解并据此采取有效措施。一些政策对企业能力要求较高，甚至需要企业配备专业的人才或者技术人员。金伯利等（Kimbeay et al.，1999）甚至认为，企业的环境政策执行质量往往是由企业中的环保专业人员推动的，大型企业尤其是那些已经发展了较长时期的大型企业，由于早已安排了相关的人力、财力，并建立了相关制度，就能够较好实施政策，一些企业甚至可以策略性地利用政策来打击对手。相反的是，中小企业往往缺乏足够的人力与财力来有效应对管制政策，也缺乏专职环境管理人员，即使部分企业有环境管理人员，他们也往往同时要负责企业生产经营方面的其他工作，专业化程度相对不足，合规难度就相对较大。比如马利克（Malik，2002）对巴基斯坦纺织业的经验研究表明，中小企业在环境规制合规时更容易出现困难，主要的原因是缺乏意识、能力和管理能力，没有获知技术的渠道。另外，也缺乏足够的资金。

（6）企业策略性行为

惩罚会导致企业想方设法逃避监督，尤其是当违规惩罚力度很大时，企业就会有更强的激励采取策略性行为。

企业主要的策略性行为是降低相关资源利用和污染信息的清晰程度，使监测变得更加困难，甚至不惜为此投入资金。比如，可以将一些排放点设置在免检区或者一般不会接受检查区域的方式逃避检查，或者改变操作规程以使污染排放很难用正常的规范来衡量。

企业还可以采取游说或者法律手段来避免惩罚。诺威尔和肖格伦（Nowell & Shogren，1994）分析了废物非法倾倒问题，他们的博弈模型表明，企业在诉讼费上的投入会随着罚款额度的提高而增长，企业可能愿意支付高达80亿美元的费用来与EPA在法庭上解决。如果政策界定模糊、缺乏足够法律依据，管制部门在实施惩罚的时候更加有可能会被诉上法庭。在这种情况下，适当降低标准的严格程度可能会导致环保绩效的提高；相反，过于严格的政策标准可能会使得企业更愿意增加对游说或者诉讼活动的投入，而降低合规投入（Kambhu，1989）。

（7）社会因素对合规的影响

成功的实施还有赖于企业的"能力"与"承诺（commitment）"，包括威慑、奖励、道德以及社会群体的认同等都起到一定作用（Burby & Paterson，1993）。社会动机理论认为，如果企业希望获得社会认同感，那么就倾向于合规，而其他被管制企业、环保团体、媒体、供应商等都可能会企业施加压力，促使其合规。另外，企业之间合规行为存在"传染效应"，即很多企业的策略是"如果其他企业选择合规，我也选择合规"（Scholz，1984）。这意味着管制部门对企业的检查必须是大范围的，而且要重视社会诚信制度的建设。

5.1.3　合规机制设计

对管制对象应对规制行为机理的研究，为如何更为合理地设计合规政策提供了思路。研究发现，不仅传统的关于监督频率与惩罚力度的结论需要修改，而且有时候必须跳出这个角度，从更为宽泛的角度去设计机制。主要的观点如下。

（1）追求恰当的合规水平

在监测与惩罚成本都可能非常高的情况下，追求百分之百的合规水平就变得不切实际。出于管制成本最低化的考虑，在某些情况下，容许一定程度的违规存在或许更为合理，尤其是在管制部门预算有限的情况下。

（2）针对不同政策设计相应的合规策略

由于不同类型政策、管制企业的特征、资源和污染物的特征等存在差异，因此很难找到普遍适用的机制设计原则。同时，由于博弈双方的策略选择带有一定的随机性，应该采取相机抉择的策略或者混合策略来实施监管。格罗斯曼和哈特（Grossman & Hart，1983）等分析了在一般的委托代理关系中，在实施成本较高的情况下，如何权衡激励与监督之间的关系。他们的基本观点是：当获取可靠信息很困难或成本很高时，委托人应采用高强度激励；而当高强度激励不可能或成本很高时，委托人应选择加强监督。

（3）提高检查的准确性，降低检查频率

鲁塞尔（Russell，1990）认为，提高监测的准确性是所有管制部门首先要做好的工作。相反，检查的频率并不是最重要的，应该提高检查的彻底性和完整性并相应降低检查的频率。尤其是在企业可能降低污染排放的透明度以减少被检查出来几率的情况下更是如此。交叉检验往往能增强检查的彻底性和准确性。在美国，合规监测经常也会涉及到监测企业的生产与减排设备，对企业的生产与环境记录进行审查，甚至会对企业进行会谈。

（4）合理设置罚款额度

罚款额度不是越高越好。在某些情况下，适当降低惩罚力度可能有助于合规，尤其是当企业可以通过投资于使得信息更不透明或者通过法律手段等方式减轻处罚的情况下，适当降低惩罚力度能够使得企业降低采取这两类措施的概率。另外，一群企业共同对某一类的污染物超额排放负有责任，但是管制部门却只能观察到污染物总体是否实现了超额排放，要掌握每一个企业的污染排放情况较为困难，在此情形下，企业就有动力通过法律手段将责任转嫁给其他企业，因此，适当降低惩罚力度也是有益无害的（Nowell & Shogren，1994）。

（5）采取多样化的检查策略

一是根据历史的合规情况来采取相机抉择的监测制度。哈弗德（Harford，1978）和海耶斯（Heyes，2002）等建立了内生检查可能性模型，也就是根据企业排放量的多少来确定审计的频率与强度，具体的机制是：管制部门对企业实施比较宽松的检查政策。但是，一旦在检查中发现问题，那么就会对这些企业实施非常严格而全面的检查。二是根据企业的不同类型采取分组检查策略。由于在同样的环保标准之下，高成本的企业具有更大的违规冲动。Jones 和 Scotchmer（1990）的分析表明，将企业按照不同的合规成本进行分组，并对具有较高减排成本的企业实施更加严格的监管是一个节约管制成本、提高合规率的重要办法。这些模型的核心是实施"状态依存"监测策略，即管制部门在采取相对较为宽松的监测策略的同时，严格监测政策是一种潜在的威胁或者是针对性的，对违规行为起到了威慑作用，这样能够在大大节约监测成本的情况下，保证合规率。

（6）合理设计自我报告机制

在管制部门能够投入的人力物力都非常限而污染物较为复杂的情况下，让企业自我报告而管制部门根据企业提交的报告情况实施检查，是一项能够大大节约成本的措施。而自我报告机制在现实中也广为采用。鲁塞尔（Russell，1990）发现，美国 28%的大气污染源与 84%的水污染源都依靠自我报告制度。当然，马利克（Marik，1993）也提出，只有在满足以下条件时，自我报告制度才具有优势：监测成本很高；可以设定的最大罚款限额相对较低。在管制机构的监测技术已经非常精确而处罚的成本却很高的情况下，自我报告并不合适。

当然，自我报告机制需要与合适的检察机制与惩罚机制相配合。比如，通过设计一个企业自我报告加上随机抽查的组合，可以增加合规率（Harford，1987；Kaplow & Shavell，1994）。如果在检查是有效的情况下，不仅能够直接降低企业虚报的空间，甚至只是检查的"威胁"都能够使得企业减少企业自我报告中的作假行为（Laplante & Rilstone，1996），而这部分解释了"哈灵顿悖论"（Livernois & McKenna，1997）。马利克（Malik，1993）

则提出，当监察和处罚都有成本、监督有噪音时，企业也会努力降低报告的准确性，在这种情况下，通过降低罚款额度就可能起到提高报告准确性的作用，通过降低企业违规的罚款预期，管制者能够"买"到更为准确的企业报告信息。另外，还需要对"错误报告"问题作出严格的规定，尽量要求管制企业必须报告所有对污染标准的违规情况或者任何意识到的随机污染，一些法律条文会对提供错误的报告作出法律上的惩罚，甚至监禁（Marik，1990）。

（7）提高惩罚的公平度和现实性

严厉并且很少使用的惩罚可能会被认为是随意的与不公平的（Harrington，1988），而过大的罚款力度使得企业可能有走向破产的危险。因此，非常严厉的惩罚政策仅适用于极少的领域，在一般情况下，应该把重点放在如何保证企业在能够承受成本的情况下并有激励去遵守限定的排放限额或者环保标准，惩罚力度只需保证在检查不完全情况下仍然有足够的约束力。

（8）利用集体惩罚机制

当实施一个非常严格的环境政策的时候，企业的道德风险问题也可以通过集体惩罚的形式加以预防。体惩罚即当发现总体污染排放超越限值之时，启动对所有相关企业的惩罚，从而能够促进企业之间相互监督。这在企业之间更熟悉彼此信息而管制部门对企业的检查成本较高的情况下，是一个可行的选择。

（9）充分利用非正式制度

一些非正式制度也可能影响到参与者的合规策略，比如，非正式的规则、指导意见、劝勉性的条款。等等。非正式制度对于不同的配额交易体系影响是截然不同的。在小型渔业市场中，道德约束是一个合规的重要保障机制。但是，对于大型的交易体系，例如 EU ETS 配额交易体系，仅靠道德约束就不太合适。

5.2 合规问题和机制设计

5.2.1 资源环境产权的交易与合规

资源环境产权交易体系中，管制部门也会通过建立严格的监督、核查与惩罚政策来确保合规（见表 5-1），但这也无法完全杜绝不合规现象。在企业信息无法有效获取的情况下，产权交易方式和排污收费或其他政策一样，都可能变得无效（Kwerel, 1977）。在排放数量不可准确监测的情况下，相比于命令与控制型政策，资源环境产权交易政策甚至会导致企业排放更多（Montero, 2005），因为利用排放标准政策，所有的企业都必须安装特定的减排设备，而在资源环境产权交易体系中，企业无需安装该设备，而只需要在排放量数据或者配额持有数量上造假即可。

表 5-1　主要交易体系的监测和报告方式

主要交易体系	监测和报告方式
碳排放权交易	企业自我报告和第三方核查
二氧化硫排污权交易	连续在线监测系统
渔业捕捞权交易	渔船在线监测设备 渔业销售监测和统计
水质交易	利用特定的设备进行监测
水权交易	统计和报告
节能量交易	企业自我报告和第三方核查

马利克（Marik，1990）比较了在不完美监测下的配额交易体系与命令和控制型政策的关系，得出的结论是：虽然排污权交易会导致单位的减排成本降低，但是污染物总量控制的成本可能会变高。这是由于在资源环境产权交易体系中，如果监管机制不健全，企业就有更强的动机滥用资源和超额排放。交易体系的现实运行情况也证明了这一点。比如，一些缺乏有效监督手段的渔业捕捞权交易体系，虚报、谎报或隐瞒渔获量、超额捕捞等现象屡见不鲜，并威胁到整个交易体系的运转。在欧洲牛奶配额交易市场中，超配额产奶的情况非常普遍。1997年，仅在意大利，因为超配额生产牛奶的罚款就达到4.8亿美元。在澳大利亚维多利亚地区母鸡配额交易体系中，鸡蛋的黑市交易占到全部交易量的10%～30%。

资源环境产权交易体系的违规率是否更高？凯乐（Keeler，1973）的研究认为，采取排放权交易方式相对于统一的排放标准，可能会导致更高的违规率。德拉顿（Drayton，1978）也认为交易体系有效实施的难度更大。当然，资源环境产权交易体系可能是有助于合规的。蒙特罗（Montero，2003）的模型证明了在不完全监测的情况下，污染控制目标的实现取决于企业的边际减排成本曲线，也就是说，如果企业的边际减排成本过高，那么就有更大的可能选择违规。因此，产权交易机制所提供的灵活性对于提高合规率是有帮助的，因为它通过市场机制的作用降低了那些边际减排成本很高管制对象的减排成本。

一般认为，资源环境产权交易体系的合规问题与其他政策存在着一些差异，具体体现在如下几个方面。

（1）企业的行为决策更加复杂

在排放权交易中，与企业合规决策有关联的因素包括企业实际排放量、报告的排放量和持有的配额量，并导致企业产生两种不同的违规行为：过量排放，导致所持有的配额不足以抵消排放量；虚假报告，在资源使用或者污染排放量的计算或者报告环节做手脚。这就要求管制部门在对企业的排放量和报告量进行监督检查之外，还需要对产权交易市场的运行和结果实施监管。这使得资源环境产权交易体系中的合规问题变得更为复杂。

我们可以简单地把资源环境产权交易体系的合规问题划分为两大类：虚假报告与超额排放。斯坦伦德等（Stranlund et al.，2005）强调，应该把这两种违规行为严格区分，因为即使企业拥有足够的配额来抵消它的排放量，这也可能是由于虚假的排放报告而不是真实的减排努力造成的。在这种情况下，对超额排放的过高惩罚就不会有太大的意义，因为这可能会增加企业虚假报告的冲动，尤其是在监测制度不太健全的情况下更是如此。而且企业有更大的冲动在报告中造假而不是配额违规（Stranlund et al.，2010）。

（2）企业是否选择合规与市场价格水平相关

在一般的环境管制政策中，企业的决策是由边际减排成本和边际收益决定的，违规的边际收益相当于超额排放所导致的污染物削减成本的降低部分。但是，在资源环境产权交易体系中，企业的合规决策则是由市场价格决定：如果价格下跌，企业违规的收益也会降低，从而会提高合规的意愿，否则反之。

（3）资源环境产权交易体系的不合规后果更加严重

由于在资源环境产权交易体系中企业是否选择合规与配额市场的价格相关，企业的合规行为对其他企业的影响更大、更直接。如果有企业选择违规，将导致配额价格降低，进而影响了其他企业的决策偏离最优水平，导致所有企业都不会按照治理成本最小化的原则来实施决策（Makuch，1990；Malik，1990）。

（4）合规机制的设计与传统管制政策有很大不同

在资源环境产权交易体系中，由于企业可以通过购买配额的方式实现合规，这就使得合规问题与单个企业的减排成本无关而是取决于配额市场运行，这就意味着，管制部门无法针对不同企业特征去设置不同的监测策略，也不能够利用差异化的惩罚措施。

5.2.2 价格机制与合规

斯坦伦德等（Stanlund et al., 2002）建立了一个非常简单的模型来说明资源环境产权交易体系中市场价格与合规之间的关系。简化模型如下：

假定配额的市场价格为 p；排放源违规被检查出来的可能性为 π；一旦查出，单位超额排放的罚款额度 f；如果企业没有如实报告，将另外施加额度为 g 的罚款。

如果管制者希望所有的企业都实现完全合规，那么就必须做到：

$$p < \pi x \ (f+g) \qquad 5.1$$

$$p < f \qquad 5.2$$

条件 5.1 下，企业愿意报告它的所有配额；

条件 5.2 下，企业不会超额排放。

这个简单的公式说明配额价格的重要性。当配额价格很高，而抽查的概率与罚款的额度都是事先确定并且不是太高，那么企业超排的边际成本就会低于购入配额的价格，企业就有很强的违规激励。对超排与错误报告设置一个较高的罚款额度是必要的；同时，也必须保证有足够的能力能够保障违规现象能够被查出。

当然，如果根据市场价格来设置违规的惩罚额度，也有可能使得实施效果能够不受市场价格影响。比如，设定 $g = rp$，$f = \phi p$，那么企业的合规条件是：

$p < \pi (f + g) = \pi (rp + \phi p)$，有：

$1 < \pi (r + \phi)$ 或 $\pi > 1/ (r + \phi)$ 　　　　　　5.3

从以上模型可以得出：

首先，边际减排成本并不成为企业是否会选择合规的一个依据，企业是否采取违规行为由价格决定而与企业特性无关。产权交易体系的检查机制不能设计相机抉择的检查和惩罚制度。

其次，一个资源环境产权交易体系的管制对象越少，单个企业的行为能够对市场价格产生的影响就越大。如果企业采取不合规行为，对整个政策的合规情况影响也越大。

5.2.3　市场运行与合规

资源环境产权交易体系中，企业合规行为与市场运行状况存在如下方面的关联：

第一，企业合规可以通过买入配额的方式实现，而在特定的技术或者排放标准之下，一个企业达不到特定的排放标准，可能需要花费较长的时间与较多精力去进行设备改造或安装、工艺改进等方式才能够实现。

第二，违规现象将通过市场机制"传导"影响其他企业。市场价格不只是反映企业的边际减排成本，也反映了被检查发现并实施惩罚的"机会成本"。如果资源环境产权交易体系中存在着违规现象，由于市场上配额供给过多或需求减少，那么配额价格就会降低，从而影响到其他企业的合规决策。如果惩罚力度太高，那么企业就可能会为了准备超量的配额以防止出现无法合规的问题，这就会导致市场价格相比于均衡价格偏高，这也会间接提高其他企业的合规成本。

　　第三，企业的合规策略还会受到其他市场（尤其是产品市场）变化的影响。一个对渔业捕捞权交易合规机制的研究发现，如果渔产品价格上升，会在一定程度上加剧非法捕捞的程度，即导致渔民的捕捞量超出捕捞权的限制。由于捕捞权价格也随之上升，渔民非法捕捞的潜在收益变得更高，非法捕捞现象甚至会比在其它政策情形下更为突出（Chavez & Salgado，2008）。

　　第四，市场力量会影响企业的合规选择。当一个企业拥有市场势力，它的合规决策同时也取决于企业能够操纵配额市场的程度，它可能会为了增加对手的合规成本而囤积配额（Chavez，2000）。在渔业市场中，对渔业的一个动态模型表明，如果垄断势力的渔民非法捕捞，将会使得那些最为诚实的渔民被驱逐出市场，因为非法捕捞会导致鱼产品市场的供过于求，结果是诚实渔民处于亏损状态，从而无法在市场上存活（Marik，2002）。因此，如果不严加监管，拥有市场势力的渔民就有可能通过非法捕捞来攫取额外利润并提升市场势力。

　　第五，市场风险会影响企业通过技术创新实现合规的激励。企业通过创新或者采用新技术以实现合规是环境政策设计的重要目标。配额交易体系的初衷是为了使得企业有更大的自主权决定合规机制，也希望借此激发企业技术创新，但是由于市场风险的存在，使得企业采取技术创新的方式去合规也存在着较大的市场风险。在配额交易体系中，新技术的采用可能受到合规情况的影响，新技术采用的边际收益相当于市场价格，而在违规情形下，市场价格会偏低，这就相当于降低了采用新技术的边际收益，从而阻碍了新技术的采用（Villegas-Palacio & Coria，2010）。相反，在税收体系中，技术的采用则只受税率的影响。

5.2.3 配额交易的合规机制设计

公共政策科学对合规问题的研究得出的基本结论是：由于监测和惩罚都是需要成本的，为了最小化社会成本，允许一定程度的违规存在或许更为合理。这一结论对配额交易体系是否也同样成立呢？

资源环境产权交易体系与其他政策类似，要取得100%的合规率需要高昂的实施成本。尽管如此，追求尽可能高的合规率是值得的，也可能是成本最低的方式。Stranlund（2006）等的模型证明了这一点。其简化的模型如下：

假设在一个排污权交易体系中企业的经营成本为$c_i(e_i)$，它是排放量e_i的负相关函数，管制部门给企业i发放配额l_i^0，企业决定在合规期末持有配额l_i，配额市场完全竞争，价格为p。管制部门知道每一个企业所持有的配额情况（因为这非常容易观察到），但是只有花费很高的成本才能监测到企业的排放，π_i是成功监测到企业i排放情况的概率。如果企业违规，其违规程度为：$v_i = e_i - l_i \leq 0$，否则合规。

（1）边际处罚递增策略的情形

可以设定惩罚函数为：

$$f(v_i) = \phi v_i + \tau v_i^2 / 2, \ \tau > 0 \qquad 5.4$$

那么企业的策略选择函数为：

$$\min_{e_i, l_i} c_i(e_i) + p(l_i - l_i^0) + \pi_i[\phi(e_i - l_i) + \gamma(e_i + l_i)^2 / 2] \qquad 5.5$$

满足：$e_i - l_i \geq 0, \ l_i \geq 0$。

假设ϑ为公式（1）的拉格朗日函数，τ_i为拉格朗日乘数，可以得到：

$$\vartheta_e = c_i'(e_i) + \pi_i[\phi + \gamma(e_i - l_i)] - \tau_i = 0 \qquad 5.6$$

$$\vartheta_l = p - \pi_i[\phi + \gamma(e_i - l_i)] + \tau_i \geq 0, \ \vartheta_l l_i = 0 \qquad 5.7$$

$$\vartheta_l = -(e_i - l_i) \leqslant 0, \ \tau_i (e_i - l_i) = 0 \qquad\qquad 5.8$$

如果企业有足够的配额补足它的排放，那么就有：

$$c_i' (e_i) + p = 0$$

如果 $\pi_i < p/\phi$，则企业的超额排放量为：

$$v_i = (p - \pi_i \theta) / \pi_i \gamma \qquad\qquad 5.9$$

如果 $\pi_i \geqslant p/\phi$，企业选择合规。

管制部门的最优选择为：

$$\pi (v_i) = p / (\theta + \gamma v_i) \qquad\qquad 5.10$$

由此可以得出，监测强度应该与价格 p 成正比，因为市场价格越高，企业违规激励越强。企业 i 违规的概率为：

$$v_i = (p - \pi_i \phi) / \pi_i \gamma \qquad\qquad 5.11$$

也就是说，管制部门的最优选择是允许管制对象中存在一定的违规现象。

（2）边际处罚恒定策略的情形

假设管制部门对每一单位的超额排放施以恒定的处罚 ϕ，为了保证完全的合规率，那么必须满足 $p < \pi_i \phi$。

给定一个固定的边际处罚成本 $\phi \geqslant \bar{p}$，为了最小化企业的减排成本与预期的事实成本，每一个企业监测的概率都是 $\pi^* = \bar{p}/\phi$，企业违规的收益是零，因此，可以保证完全的合规率。

考虑到监测与处罚都是有成本的。由于两种政策下监测的概率都是 $\pi (v) = p / (\phi + \gamma v)$，因此监测成本是无差异的。效率差异就取决于处罚成本，由于前一政策存在一定的违规率而后者完全合规，那么前者需要多付出处罚成本。这启示我们，管制部门应该采取与惩罚成本挂钩的策略，并在制度设计上以100%的合规率为目标。

5.3 案例分析

5.3.1 渔业捕捞权的合规机制

以挪威为例，渔业捕捞权交易体系主要由三大监管主体实施，分别是海岸防卫队、渔业理事会与渔产品销售协会。其中，海岸防卫队负责监管海洋渔业的海上作业情形，渔业理事会则为各沿海地区陆地上的渔业事务监管单位，渔产品销售协会负责所有第一手渔获的质量、数量的监管等。具体的合规机制为：

渔船监控由海岸防卫队负责，并依据监督检查法令执行。任何进入挪威 200 海里专属经济区的外国渔船必须在从事渔业活动之前 24 小时将船名、船号、船上有无渔获、何时要进入、据何协议进入、进入哪个海区作业等信息，通过挪威沿岸无线电台向挪威渔业局报告。继续在同一协议区内活动，每 7 天用电报报告其船位、作业方式、捕捞品种和数量等信息。在离开挪威水域之前，必须向渔业局报告离开时间、船上的渔获品种和渔获数量等信息。从 2000 年 7 月 1 日起，在挪威管辖海域内所有船长超过 24 公尺的挪威渔船都要安装并使用渔船监控系统（Vessel Monitoring Systems，VMS）。挪威与其管辖海域内作业的其他渔业协议国家约定交换卫星数据，当发现渔获量严重超过配额时，将拒绝核发执照。挪威国内的渔船（21 公尺以上）则均安装了 INMARSAT-C 船位监控系统，渔业局能够及时了解到渔船的活动情况。与此同时，渔船必须按规定详细填写捕捞日志，按规定向渔业局上报渔获物品种和渔获量。海岸警备队在海上检查渔船的时候，首先通过计算机网络查询到该船实际配额为多少，该船向渔业局报了多少产量，然后进入鱼舱检查、核实实际渔获物品种和数量，上述三者必须完全一致。

挪威还严格控制渔获销售渠道。根据挪威《鲜鱼法》，所有渔获在挪威的销售活动都必须经由销售组织进行，销售组织是由渔业局授权销售第一手渔获物的法定组织，而所有购买第一手渔获的买主都必须经渔业局许可，并在银行有财务担保，购买渔获时只能向销售组织购买。以中上层鱼类的销售过程为例，具体销售过程是按照如下的规则进行的：海上捕捞渔船需要销售时，向销售组织报告渔获物的品种、数量，同时自报价格；销售组织对该渔获物通过电子信息系统进行网上拍卖，买主在网上竞价购买。成交后，销售组织通知渔船直接将渔获物运送到买主指定的交货地点，交货时，由船长填写销售单，注明船名、船号、价格、品种、数量、规格、作业渔区和买主交易的地点等信息，由船长和买主分别签字生效。然后买主按期向销售组织支付货款，由销售组织支付给渔民。销售组织中的渔船作业地点、渔获量、渔船卸鱼地点、渔获成交数量等信息是与渔业局信息系统相联的。渔业局可通过信息网络，掌握和控制海上作业渔船生产情况、统计渔业产量和销售产值等信息。（王浩，2001）

挪威针对渔业建立了一套非常严厉的惩罚机制，其中大部分也适用于捕捞权交易体系。根据挪威的有关渔业法律法规，主要的渔业违规行为有十种：①违反最小网目尺寸规定；②违反最小可捕标准规定；③违反有关兼捕的规定；④违反禁止丢弃渔获物的规定；⑤违反作业场所的规定；⑥违反禁渔区的规定；⑦违反有关捕捞配额的规定；⑧黑市交易渔获物；⑨未按规定准确记录卸鱼量；⑩违反捕捞日志的规定。相应的，对渔业违规的处罚主要有六种：警告、逮捕、罚款、没收、扣留许可证、吊销许可证。

5.3.2　美国酸雨计划的合规机制

美国针对酸雨计划制定了非常严格的监测体系。《清洁空气法修正案》第四篇规定，所有的纳入酸雨计划的设施均要求安装连续排放监测系统（CEMS），用于取样、分析和测量，并提供连续而持久的排放和流出（磅/小时的废物量）的基础数据。监测设备均由企业自己出资安装、自己维护，EPA 给予一定的财政支持。CEMS 所提供的数据是掌握整个交易体系大部分企业排放情况的基础。在第一阶段，EPA 要求必须每隔 15 分钟提供 1 次数据，2000 年之后，由于 CEMS 的精度相比第一阶段有较大提高，监测的时间间隔延长到 1 个小时 1 次。EPA 建立了一个名为 AQMD 的终端管理系统，所有 CEMS 监测结果都自动利用远程终端传送到 AQMD。一旦 EPA 接收到了数据，AQMD 系统能够自动开展检查、分析，并在线反馈给企业。这个系统连续运作，就形成了一个连续且精确的污染物排放量账户。企业主要依靠这些数据形成季度报告与年度报告，并提交给 EPA。

为了确保 CEMS 的有效运作以及排放报告的准确性，EPA 做了一系列技术与制度上的严格规定。

首先，设备正式运转之前，企业需要进行两类测试：相对精确度测试审计（relative accuracy test audit），主要是衡量数据的精度；数据可得性测试，主要是衡量设备在一段时期内提供准确排放数据的能力，也就是有效运转时间占全部运转时间的比例。1995 年，98%的监测设备达到了相对精确度的要求。其中，93%的监测设备达到了 EPA 为第二阶段所预设的更为严格的相对精确度要求；数据可得性达到了 95%。到了 1999 年，数据可得性基本都超过 99%。其中，火力发电厂的二氧化硫监测效率非常高（表5-2）。高质量的数据成为酸雨计划可靠性和可信性的基本保障。

表5-2 1999年酸雨计划CEMS有效运转率

参数	火力发电机组	油气发电机组
二氧化硫	99.5	98.9
流速	99.7	99.0
氮氧化物	99.2	98.4

资料来源：EPA. 1999 Compliance Report.www.epa.gov/acidrain

其次，为了确保监测的连续性，EPA 要求每一个排放源制定监测计划，详细列明所有设施及监测设备情况，提交给 EPA，EPA 对其进行评估、修改后反馈给企业，作为日常监测的依据。

再次，EPA 给每个排放源提供质量控制软件，排放源可以依此对电子报告格式与计算开展日常检查。企业在提交排放源的排放报告之前，一般都需要进行该检查，这就减少了提交报告的错误。

最后，企业必须做好日常检修与维护工作。EPA 制定了一套办法，要求企业定期对设备进行检修与维护，确保其正常运转。如果 CEMS 出错或者无法正常工作，那么 EPA 就通过估算的方式来确定企业的排放量，这往往会得出高估的结果，从而不利于企业，使得企业有动力维持 CEMS 系统的正常运转。

酸雨计划的惩罚机制主要是针对配额违规的，任何一个超过其配额总量规定排放的电厂都将面临两方面的惩罚：超排罚款和补扣配额罚款。超排罚款的标准是以 1990 年为基期每超 1 吨罚 2000 美元，并根据物价指数每年进行调整。补扣的配额将从其在新一年能得到的无偿分配许可证规定量中扣除。酸雨计划惩罚机制的一大特点是其高度的自动化和程序化。EPA 的日常监测与报告以及核查都是高度标准化与程序化的，在核查报告出来之后，能够自动判别排放源是否合规，并自动根据排放源是否超额排放启动惩罚程序，违规的排放源在什么时间之前罚款多少，滞纳金如何处理等都有非常详细的规定。酸雨计划的自动罚款措施是一个保证合规率的重要机制，也是一大创新。因为在传统的管制模式中，违规企业往往有机会与管制部门以讨价还价的方式豁免或降低其罚款力度。传统方式使得实施罚款的行政成本过大，并且会降低企业合规的积极性。较高的罚款额度加上自动的惩罚机制，使得企业能够将精力主要放在寻找更低成本的合规策略上，而不是花在找借口、游说、说情上面，对酸雨计划的顺畅运行起到了重要的保障作用。

5.3.3　EU ETS 的合规机制

为保证数据质量，欧盟委员会在借鉴其他成功交易体系经验的基础上，建立了一套完整的监测与报告制度，其基本内容为：企业必须提出监测计划，按照监测计划实施监测活动，进行年度报告。

EU ETS 在第二阶段开始之时，要求所有纳入交易体系的设施都必须先申请碳排放许可，获得许可的一个重要条件是企业必须提交一个监测计划，监测计划要求列明设施所有相关碳排放计算相关数据的监测内容，具体要求包括：对采用的监测手段的不确定性进行量化，所确定的方法论层级等内容。如果企业监测方法的不确定性过大，那么还需要提出不确定性的改进方式。这意味着，监测计划成为一个设施能够正常生产运营的先决条件，因为如果无法获得监测计划的许可证，就意味着丧失排放温室气体的权利，所有的生产活动都必须终止。

监测计划构成了企业所有碳排放核算相关管理活动的基础：设施必须根据监测计划中所列明的要求严格实施；如果发生监测计划的改变，必须提出改动申请，并经由管理部门同意；设施的核查和排放报告必须以监测计划为基础。

欧盟的成员国也努力使得它们的整个体系运转更加常规化。比如，荷兰建立了一个标准的监测与报告审核程序，来确保所有的操作者在获得许可之后都能够建立起相对统一的方式来实施监测与报告。

在每一个合规期，所有的设施都必须向权威管理部门提交年度碳排放报告，欧盟委员会规定，所有的报告都必须经过核查。核查体系构成了 EU ETS 数据质量的外部保障。

欧盟委员会对核查提供了一个指引，并做了详细的规定。

首先，制定了详细的核查流程，并对每一个步骤的要求都做了详细规定。核查过程分为如下几个阶段：签约前阶段；核查过程；核查报告；核查回顾；签发核查报告并将排放数据录入注册登记系统。各个极端的要求分别是：签约前评价核查风险，评价设施操作者是否给核查机构提供充分信息，检查是否存在利益冲突，选择团队，详细说明核查的合同要件，核查活动的时间分配；核查过程包括开展战略分析、核查计划、过程分析（包括系统核查与数据核查）、完成核查报告并报告结果；核查报告，包括两大部分：一是对外部分，主要是向权威管理部门递交核查报告，向设施操作者解释发现的问题并提出管理建议；二是对内部分，将所有核查结果进行文献整理；核查回顾，主要是为了检验整个核查过程是否按照合法的、标准的程序开展，重点对核查过程的技术错误或失误、检查核查是否根据特定的要求开展、是否可以签发核查报告并给出核查意见；签发核查报告与录入注册登记系统，递交一个核查报告，主要由设施操作者将核查报告递交给权威管理部门并录入到注册登记系统。

其次，严格的人员管理制度。EU ETS 要求核查机构必须能够投入充足的人力来保障核查过程的专业性。对人员的管理又分为首席核查员与一般核查员。首席核查员要求拥有十年以上经验，并能够实现对整个核查过程的指导与参与。同时，任何一个核查小组都必须有技术背景的专家。比如，欧盟委员会规定，持续的在线监测系统（CEMS）需要用 EN14181 标准与 EN ISO14956 等标准，数据管理与储存、取样率以及处理丢失数据的方法等均具备。核查机构要知道这些在线监测系统是如何运作的，并熟悉所有的相关标准。另外，也要求对核查人员进行不断的培训，以确保所有人员都能够了解规则或者其他法律要求的变化。

各个成员国都按照自己国家特点建立了相应的核查制度。如英国政府采取第三方核查制度，对核查机构主要采取认可制，由英国皇家认可委员会（UKAS）具体实施对核查机构的监管。政府层面出台了一系列规范性文件，对核查机构如何出具核查报告、认可机构如何对核查机构和核查人员进行评估等都有明确、具体的规定。

EU ETS 的惩罚机制主要由两大部分构成：①对企业违规的罚款。《碳交易指令》的第 16 条规定了对超出许可配额的排放量予以处罚。该条款规定：各成员国每年 4 月 30 日前应将没有提交足够配额以满足其上年温室气体排放量的经营者名单公布，并对他们处以超额排放的罚款。第一阶段的惩罚价格是每排放单位 40 欧元，第二阶段上涨到 100 欧元。罚款额度远远高于同期碳配额市场价格。与此同时，对于超额排放的罚款并不豁免该经营者在接下来的年份里提交同等数量的超额排放的配额的义务，也就是说被罚款的经营者在下一年度仍需加大节能减排的力度以节省下一年的配额使用量，不然就需通过市场购买足够多的配额，把上年的差额抵消掉。②对违反监测、报告与核证的处罚。该项政策由各个国家自行制定。比如在波兰，没有规定任何惩罚措施；在法国，罚款是最高 75000 欧元，爱尔兰则高达 1500 万欧元。另外，在法国和爱尔兰，一些方面的造假行为可能导致涉事者受到 6 个月到 10 年的监禁（EEA，2008）。

5.4　小结

本章分析了资源环境产权交易体系同样面临不合规问题。管制部门必须同时面对管制对象的数据造假、配额上交不足两大问题。相比于传统的命令与控制型政策，资源环境产权交易的合规机制设计存在着明显区别。

（1）相比于其他政策，资源环境产权交易对监督和检查制度要求更高。理论分析表明，在资源环境产权交易体系中，如果造假行为广泛存在，结果可能是配额变得毫无价值和交易体系的崩溃；实践表明，不管是哪一种类型的资源环境产权交易体系，均需要在监测设备、监测制度建设和监管的人力物力方面做很大投入。

（2）大部分资源环境产权交易体系均更为强调监督机制而非惩罚机制。与此同时，相机抉择的检查制度虽然在一般的政策中有效，但却并不适用于产权交易体系。对产权交易体系来说，需要建立全面、彻底、常规化的检查制度，以确保每一个参与者对整个体系的信任和认可。

（3）管制部门对检查数据的准确性有更高的要求，而且对于数据造假的惩罚也远远高于排放违规的惩罚。三大交易体系的案例分析表明，排放违规一般只遭受经济上的罚款，而在数据上造假，往往会涉及到监禁等更为严厉的惩罚措施。

（4）资源环境产权交易体系应该追求尽可能高的合规率。目前大部分交易体系的合规率是相当高的，如美国的酸雨计划、EU ETS、澳大利亚 GGAS 碳交易体系等大型交易体系，基本上都维持接近 100% 的合规率。

6　市场行为和干预机制

　　资源环境产权交易与其他环境政策工具的重大差别在于，其有效性取决于一个平稳有效运行的市场（Joskow & Schmalensee，1998）。本质上，资源环境权交易市场本身也是政府解决市场失灵的一种手段。作为一种政府创设的市场，也会存在其他市场所遇到的市场失灵问题。因此，管制部门如何管理这个市场就显得极为关键。本章在介绍市场运行和市场失灵一般框架的基础上，分析了资源环境产权交易体系发展中的市场失灵现象和原因，并结合案例探讨了政府角色如何发挥作用。

6.1　市场、市场失灵和政府干预

6.1.1　市场与市场失灵

　　交易行为在人类社会广泛存在，市场概念也极为悠久。早在公元前六世纪，雅典广场上便出现了定价市场。市场最初作为人们的日常用语，通常指商品交换的地点或场所。

　　经济学的基本观点认为，市场是工业革命以来人类社会资源配置的基本方式，价格的不断变化将导致供求关系达到平衡。新古典经济学认为，在符合三个条件的情况下，市场是完全竞争的，也是最优的。那就是：

（1）市场上有足够多的买方和卖方；

（2）大量同质化的商品；

（3）交易不受限制并且随时可以开展，从而使得市场始终处于出清状态。

但是，并非所有的市场都能够满足这些条件，市场失灵普遍存在。所谓的市场失灵（market failure）是指市场失去效率或不产生最优福利结果。早在1819年，西斯蒙第就在《政治经济学新原理》中指出市场可能出现的两大问题：一是分配不均衡；二是孕育着生产过剩的危机。这是从市场运行结果的角度进行解释的。奈特在其《竞争的伦理观》（1923）中提出了市场的四个缺陷：一是市场的知识不完全性；二是市场力量易导致垄断的产生；三是市场的外部性；四是收入不平等日益累积。因为它基本上根据世袭权和运气来分配收入，个人努力只占很小比重。而凯恩斯主义者罗逊夫人则提出，市场失灵主要包括：收入分配的武断性，即市场解决不了公平合理的收入问题；市场价格持续不断的波动性；市场的未来不可确定性；市场的投机性等等。

信息经济学发展了奈特对于"知识不完全性"的分析，认为信息不对称和高昂的信息获取成本是市场失灵的重要原因，由于现实中所有的市场都是不完备的，信息总是不完全的，道德风险和逆向选择问题对于所有市场来说各有特点，因此会导致市场失效（斯蒂格利茨，1999）。阿克洛夫在《柠檬市场：质量、不确定性和市场机制》（1973）一文中，说明了信息不对称的后果：通过逆向选择导致一些市场消失，以致市场经济不再是充分有效的。

随着新制度经济学的兴起，交易成本问题为市场失灵提供了新的解释。所谓"市场失灵"并非市场本身存在内在局限与不足，其实质在于市场赖以存在的制度前提之失败（王廷惠，2005），这就为如何从体制上找到市场失败的根源提供了很好的线索。

演化经济学则认为，市场失灵就是无法在交换行为中演化发展出有效的价格机制，表现为价格长期过度波动、混乱、无法趋向均衡状态。演化经济学认为，市场是一种自发形成的秩序，市场的本质问题在于交易双方在交互活动中"发现知识"的过程，对具有分散知识的私人行动加以协调，以有效利用分散知识、解决知识问题，通过使市场参与者充分利用互惠交换机会进而实现动态效率。因此，市场发育是具有分散知识的个体复杂交互作用形成的一个自组织过程，市场系统会出现分叉与突变，涌现出新奇，如新的交易方式、规则、组织效率、管理理念、市场业态、高级主体等。因此，市场是一个包含了时间、不确定性、发现、学习、试错和争胜竞争的复杂过程。哈耶克认识到自生自发的发展过程有可能陷入一种困境，仅凭自发力量难以摆脱和克服（Hayek，1973）。一个社会可能会由于路径依赖和锁入效应，在同一个层面上不断自我复制、内卷、内缠、内耗（韦森，2001），无法自动生发出"人类合作的扩展秩序"。演进的、非经设计的过程也很有可能走向死胡同，导致市场停滞在较为初级的、原始的状态中。

6.1.2　政府干预的主要争论

市场失灵的存在意味着需要对市场进行纠偏。其中，政府干预是市场纠偏的形式之一。但是，对于政府干预的功能和边界并无定论，目前主要有支持干预的、自由市场的以及互补的三种主要观点。

支持干预的观点认为，市场失灵需要政府发挥干预功能。

可以说，市场失灵的种类有多少，政府的干预功能就有多少。综合市场失灵的各种可能，可以对政府干预列出很长的清单，包括：限制垄断和反对不正当竞争；使用税收和补贴手段使外部性"内部化"；建立健全市场经济体系；纠正市场的信息不对称；调整收入分配，维护社会公平；烫平经济波动，维护宏观经济稳定等。

支持自由市场经济的学者认为，未经调节的市场虽然未必能产生有效率的资源配置，但反过来，也并不应该得出政府的干预必然有效率的结论，政府也会"失灵"。即使存在着市场失灵，政府最好不要夸大自己的作用，而应当适当收缩自己的边界。因为政府往往缺乏足够的知识与必要的信息，而正确的干预政策必须以充分可靠的市场信息为依据，由于信息是在无数分散的个体行为者之间发生和传递，政府很难完全占有，加之现代社会化市场经济活动的复杂性和多变性，增加了政府对信息的全面掌握和分析处理的难度。此种情况很容易导致政府决策的失误，并必然对市场经济的运作产生难以挽回的负面影响。另外，政府不一定会将公共福利作为唯一的目标，而且可能会为着管制对象的利益考虑来设置管制工具，从而导致了政府管制失效。

当然，"要么政府、要么市场"的传统观念并不正确，现代研究越来越强调如何寻找两者的协调与互补之处。比如霍奇逊（1993）提出，一个纯粹的市场体系是行不通的，"一个市场系统必定渗透着国家的规章条例和干预"，"干预"本质上一定是制度性的，市场通过一张"制度网"发挥作用，这些制度不可避免地与国家和政府纠缠在一起。从这个角度而言，政府最为重要的功能在于提供有效市场的制度基础。而世界银行（World Bank，1997）从干预的角度指出市场和政府是互补的，它强调政府行为所具有的动态效率特征，主要是通过改善和扩展市场表现出来。同样的，青木昌彦、奥野正宽等（1998）提出了市场增进论。他们认为，政府政策的作用在于促进或补充民间部门的协调功能，而不是将政府和市场仅仅作为相互排斥的替代物，解决市场失灵问题不再是政府的责任，政府的职能应是协助民间部门的制度发展，凭此解决（市场）失灵问题。在市场增进论看来，民间部门具有信息获取和提供适当激励等方面的比较优势，而政府则受到有限的信息处理能力的制约，因而在政府、市场与民间部门之间，是"一整套的协调连贯的机制"，政府的职能在于促进或补充民间部门的协调功能,产业政策的目标应定位于改善民间部门解决协调问题及克服其他市场缺陷的能力（青木昌彦等，1999）。

6.2 资源环境产权交易市场：特殊市场

如果说一般商品市场主要是哈耶克意义上的"自生自发秩序"的话，那么资源环境产权市场是政府创设的市场。某种意义上，它本身也是政府解决市场失灵的一种手段。由此，资源环境产权交易市场与一般商品市场存在较大差异，主要体现在：一是交易标的物——资源环境产权并非严格意义上的私有产权，而是公共权私有化的结果，其产权属性由管制部门界定；二是市场参与主体由管制部门遴选确定，而一般的商品或者金融市场对交易参与主体是开放的。管制部门所选定参与者数量的多少，往往直接决定了交易体系的特点（见表6-1）。

比如，EU ETS 初期纳入的排放源超过 1.1 万个，又与全球最大的 CDM 市场建立了链接机制，交易就非常活跃。在 EU ETS 运行的第一年，就有 3.62 亿吨的交易量，市值接近 1000 亿美元。除了现货交易之外，还衍生出大量的期货和期权品种，带动投资银行、对冲基金、私募基金以及证券公司等金融机构参与到碳交易市场中来。美国酸雨计划也是较为大型的交易体系，第一期就有445个企业纳入，一共分配了约530万份配额。虽然在1994年即交易体系的运行的第一年只交易了215笔，到1997年则迅速增长到1430笔。四年间，共有3331次交易，交易量4910万吨。

表6-1　部分交易体系的交易主体数量

交易体系	交易主体数量
EU ETS	超过11000个排放源
CDM项目	所有发展中国家，所有符合规定的项目
酸雨计划	445个电厂
水质交易	几个或十几个排放源
节能证书交易	少数的责任主体，大量的证书创制主体

但是，水质、水权等交易体系往往受到较强的地域限制，参与者数量较少，企业之间的异质性明显，是典型的小型交易体系。这些交易体系即使成熟之后，参与的企业数量也不过几个到几十个，稳定的交易量也仅为每年几笔至几十笔，比如长岛的氮信用计划（见表6-2）。因此新古典经济学所描绘的完全竞争市场形态并不适用于对它们进行解释。

三是市场运行需要合乎特定的政策目的，政府直接参与交易规则设计，市场自发演化出来的交易规则很少。不同交易体系中，管制部门的介入程度具有很大差异（见表6-3）。

表6-2 长岛氮信用交易计划交易情况

年份	交易情况
2002	38个城市购买，39个城市出售
2003	40个城市购买，37个城市出售
2004	44个城市购买，35个城市出售
2005	50个城市购买，28个城市出售

表6-3 不同交易体系中政府部门对市场的介入程度

交易体系	管制程度	交易活跃性
EU ETS	极少	很强
酸雨计划	极少	强
捕捞权交易	限制配额集中	较强
水权	较强，交易需要经由评估和公示	较低
水质交易	管制部门确定交易比例，逐笔审核	较低

可以发现，交易活跃的大型交易体系中，管制部门几乎不对二级市场设置过多限制，甚至鼓励发展各种衍生交易方式，比如酸雨计划支持远期交易，EU ETS则支持期货、租赁、抵押等业务，其市场形态更为接近金融市场的特征。相反的是，水权和水质交易体系中，交易形式以现货为主并受到管制部门的严格监管，交易规则和程序也相对较为复杂。

同样的交易体系，在不同国家和地区实施，模式也存在很大差异。比如在澳大利亚，对水权交易的管制非常严格，每笔交易都需要进行对第三方影响的评估以及对环境影响方面的评估，而且水权交易的范围有严格限制，如地理条件、水文条件等限制，并规定一些家庭人畜用水、城镇供水以及多数地下水是不可交易的。但是，智利采取的则是尽可能取消管制和私产化的做法，其结果是水权市场运行几乎接近于普通商品的自由市场。

水污染物交易由于不同排放源的污染物浓度、构成、排放源所处地理位置等存在差异（比如对于水质优越地区实现一单位减排的效果明显要低于水质已经极度恶化地区削减所产生的效果），以及对不同流域间交易的限制等原因，导致交易体系能够纳入的对象相对有限，其交易也往往需要逐笔审核。比如美国的 Cherry Creek 和 Chatfield 水库的磷污染权交易项目只有 17 个点源和非点源，非点源减排的效果均需要经过专门确认，这无疑限制了交易的活跃程度。美国还对水质交易实施交易比例管理，不同点源之间的交易需要经过比例的确定才能够进行。比例交易主要有如下方式。

（1）传输比例

比如上游点源和下游点源进行交易，如果两者应用 5∶1 的传输比例，那么下游的点源需要向上游点源购买 5 单位的信用来补偿其 1 单位的污染超额排放。

（2）等价比例

两个污染源排放的污染物类型存在差异，可能就需要应用等价比例。比如排放总氮和氨氮的排放源，需要经过换算之后才能进行交易。

（3）不确定比例

这主要应用于点源和非点源的交易之中，交易需要根据减排效果的不确定性程度进行折算。如果一个非点源减排措施的减排效应不确定性程度较高，那么购买该非点源减排信用的点源就必须买入更多的信用。比如，不确定性如果达到 20%，那么可能就需要从该非点源购买相当于该点源 1.25 倍超额排放量的减排信用。

（4）回收比例

当交易的目的是为了加速达到水质标准时，可以应用回收比例。这种比例会回收一定比例的信用，而这些信用不能再被出售。（Selman et al.，2009）。

6.3 资源环境产权交易的市场失灵

6.3.1 资源环境产权市场失灵的主要表现

虽然不同类型的产权交易体系特点迥异，但这并不妨碍我们对其市场有效性和市场失灵问题进行讨论。与大部分商品市场一样，一个成熟有效的资源环境产权交易市场，需要具备如下的特征：能够传递清晰的价格信号；产生统一与稳定的价格；确保监测、管理与交易的成本较低；能够激励对清洁技术的研发；提供激励去购买低排放技术；避免预想不到的结果；基本的规则与功能要简单而具有可操作性等等（Van Horn & Remedios，2008）。不具备这些特点的交易体系，或多或少都存在市场失灵问题。归结起来，主要有如下几个方面的表现。

（1）**薄市场**（thin market）

交易量不足是困扰众多交易体系的一大问题。交易缺乏的市场将无法起到平衡不同主体资源使用和排放成本差异的作用，市场机制的作用无法发挥出来。有些资源环境产权交易市场就陷入了无交易或交易量明显偏少的困境，比如美国福克斯河 BOD 交易体系在整个运行周期内只有一笔交易。日本的自愿性碳交易体系（JV ETS）的交易量一直非常有限，第一阶段的交易只有 24 笔，第二阶段 51 笔，全部的交易量只有几万吨。而我国目前试点运行的排污权交易，也大多陷入了"有场无市"的窘境。

在资源环境产权交易体系中，一种非常有趣的现象是，薄市场往往与低价格相对应。比如在美国加州水银行交易中，在水银行出价较高的年份，出让和购买行为都很活跃，而价格较为低迷的时候，愿意出让和购买的主体都相对较少。同样的现象也可以在 EU ETS 等大型交易体系中观察到。

但是，并不意味着表 6-2 所示的长岛氮交易体系是薄市场。虽然其交易量相比于 EU ETS 而言是偏少的，但由于它本身就是比较小型的交易体系，参与者相对较少，只要其发挥了调节余缺的作用，降低了总体的减排成本，并且能够长期稳定运行，也可以视为一个成熟的市场。

（2）价格信号失真

在大量的资源环境产权交易体系中，在有效价格被"发现"之前非常长的时间，会存在一个不均衡的市场，表现为价格异常波动。在美国弗罗里达州龙虾笼证书项目实施的最初五年时间里，价格波动在平均价格的一到四倍之间，远远超出了龙虾市场的波动情况（Larkin & Milon, 2000）。在新西兰的 30 种渔产品配额交易市场运行的最初四年时间里，价格的波动会偏离平均价格的 30%（Kerr et al., 2003）。这些都表明，市场的价格发现功能还不健全，市场从建立到成熟需经历较长时间。

实验经济学证明了这种价格非理性波动是由于市场参与者对配额的市场价值缺乏知识，以及体系设计上缺乏有效的信息发布和沟通渠道。安德森和苏特能（Anderson & Sutinen, 2005）设计了一个受控的双边拍卖实验模型，结果表明，资源环境产权交易体系建立的最初阶段，市场价格信号非常混乱，比如，有的实验参与者愿意以 20 单位的低价出售配额，与此同时却有参与者以 60 单位的高价买入，由于缺乏信息平台或信息传递机制，导致均衡价格难以出现。而到了第二、第三阶段，价格信号要清晰很多，但是平均价格却明显要高于瓦尔拉斯均衡状况下的价格。即使在第三个阶段，仍然存在着一定的非均衡价格波动问题。有效价格信号长期难以形成，会影响投资决策。由于在非均衡情况下，价格变化很大程度上却难以预期，对于参与者来说，非均衡的价格如同一个陷阱，企业无法据此来制订长期的投资与商业决策（Anderson，2004）。

（3）垄断价格和市场集中

市场结构偏离充分竞争也是一些交易体系面临的难题。比如，洛杉矶粉尘污染控制体系，排污权的市场出清价格随市场竞争程度变化显著。买方垄断条件下的价格为 3200 美元/吨，完全竞争条件下的价格为 3900 美元/吨，而卖方垄断条件下的价格则高达 21000 美元/吨，这表明大企业依靠市场势力攫取了垄断性租金，而其他中小型参与者的利益被剥夺（Hahn，1996）。而一些捕捞权交易市场运行的结果则是捕捞权向大公司集中。比如，在中大西洋蛤蜊和海蛤捕捞区 1990 年引入渔业捕捞权交易之后，捕捞公司从 56 家下降为 28 家。在冰岛，11 个最大的捕捞公司在 1991—1992 年度至 1996—1997 年度的短短 5 年时间里，所有底栖生物的捕捞配额从 25% 增加到了 33%。比鲆鱼的配额逐渐流向大公司手中，市场结构发生了变化，原来的小船主沦落为大船主的打工者（Palsson & Heigason，1995）。配额集中还导致中小型渔民就业机会减少，失业增加，尤其是一些原本生产效率低的渔民或渔业企业在配额的分配中将处于不利地位，甚至被迫退出渔业。而渔民失业人数的增加会影响到社会的稳定。

6.3.2 资源环境产权交易市场失灵机理的解释

造成资源环境产权交易市场失灵的原因是多种多样的，学者就此展开了大量的研究（见表6-4），本节将讨论一些主要的研究结论。

表6-4 资源环境产权交易市场失败的原因研究

市场失败原因	后果	研究文献
错误的拍卖机制设计	价格偏离均衡	Carson，1993 和 1995
不确定性	薄市场 价格低迷	Burtraw，1996；Rose，1994；and Bohi and Burtraw，1992
技术创新的不确定性	价格异常波动	Burtraw，1996
不确定性、预期错误和投资的不可逆性	价格低迷 薄市场	Montero & Ellerman，1998
管制不确定性	薄市场	Hahn，1989
高交易成本	薄市场	Stavins，1995
过长的、不确定的审批程序	薄市场	Montero，1998
市场势力	市场操纵 价格偏离均衡	Hahn，1983；Anderson，2008

资料来源：作者根据相关材料整理。

（1）不确定性

价格机制难以形成以及异常波动的主要原因是，资源环境产权交易供给和需求状况的不确定性，企业难以形成"准确"的市场预期。供需情况由太多不确定性因素决定，因为实际资源使用和污染排放量难以预估，在生产扩张时期，整个市场对产权的需求会增长，导致价格上升；而在经济的衰退期，看似非常严格的分配方案可能都会显得过于宽松，比如在欧盟碳排放权交易的第三阶段，由于欧洲持续的经济衰退，大部分企业几乎无需采取任何措施，就可以轻松实现减排目标。外部冲击加剧了不确定性程度。产量的突然降低或者由于新的具有很强减排能力的新技术或新设备出现，价格都会出现明显的波动（Cason & Gangadharan，2005）。

企业资源节约和污染减排的相关投资具有不可逆性和效应迟滞的特征。所谓不可逆性，即投资一旦形成，将无法收回；所谓效应迟滞，指的是相关设备和技术的投入不是在本阶段而是在下一阶段才会产生效应。企业的市场应对策略主要有两种：一种是短期的，通过减少生产、能源转换、降低排放量或捕捞量等方式来实现；另一种是长期的，通过技术与工艺的改进、购买大型设备或者渔船等方式来实现。前者具有随时可调的特征，后者则具有很强的不可逆性和效应迟滞。比如，减排技术与设备从投入到产生减排成效，一般需要经历几年的时间，一些大型污染控制设备的使用年限可能会长达几十年。而购买了一条全新的渔船或者更换了全新的渔网对普通小渔民来说是一笔非常大的投资。这些投资的不可逆性导致了参与者在产权交易市场中的行为会变得更加保守，从而进一步影响了市场价格的形成。

实验经济学对不确定性如何影响企业行为方面做了大量研究。如本—戴维德（Ben-David et al.，2000）的实验表明，企业在不确定性之下比在确定性环境之下的交易更少，企业会采取"边等边看"的做法。艾乐曼（Ellerman，2000）的研究认为，如果不确定性非常严重，企业甚至可能采取"自给自足"方式合规，也就是企业不愿意参与任何市场交易，这在一些配额交易市场的早期阶段特别明显。

（2）交易成本

交易成本是所有市场难以回避的重要问题。交易成本的高低取决于交易规则的复杂程度、对专业知识的要求、交易品种的特点等。在新西兰的可交易渔业捕捞权体系中，由于配额的价格与鱼的品种、捕捞技术的限制等相关，许多交易都必须依靠咨询机构或经济学专家才能够开展。中介费或咨询费就占到了交易的1%～3%，每年的额度高达2000～6000万美元。当然，交易成本也可能是与政府设置了过于繁琐的交易限制规则有关，比如美国福克斯河的 BOD（Biochemical Oxygen Demand，生化需氧量或生化耗氧量，简称 BOD）水质交易之所以没有交易量，主要的原因在于管制部门设置的交易程序过于复杂。有趣的是，管制部门的不作为也可能导致交易成本过高，比如EPA早期实施的二氧化硫排污权交易中的"泡泡政策"，由于缺乏信息发布机制帮助买卖双方快速发现对方的行为信息，使得企业必须花费高昂成本搜索交易对象，交易就难以发生（Hahn & Hester，1989）。

斯塔文斯（Stavins，1995）所建立的模型分析表明，交易成本会导致交易意愿降低、交易额减少。其简化的模型如下：

假设一个资源环境产权交易的配额总量是 E，一共有 N 个企业，每一个企业持有的配额为 e_i，企业在没有任何政策限制下的排放为 u_i，减排数量为 r_i。假设 t_i 是排放源 i 所交易的配额数量，那么有：

$$t_i = |u_i - r_i - q_{0i}| \qquad 6.1$$

如果定义交易费用为 $T(t_i)$，$T'(t_i) > 0$，$T''(t_i) > 0$ 可以为正、负或零，那么企业的决策函数为：

$$\min_{r_i} c_i(r_i) + p(u_i - r_i - q_{0i}) + T(t_i) \qquad 6.2$$

满足：$r_i \geq 0$，$c_i(r_i)$ 为污染控制成本，p 为配额市场的一般价格。

那么，可以得到如下结果：

$$\frac{\partial c_i\ (r_i)}{\partial r_i} + \frac{\partial T\ (t_i)}{\partial r_i} - p \geqslant 0 \qquad 6.3$$

$$r_i\left[\frac{\partial c_i\ (r_i)}{\partial r_i} + \frac{\partial T\ (t_i)}{\partial r_i} - p\right] = 0 \qquad 6.4$$

结果显示，交易的均衡价格等于边际减排成本加上边际交易成本。

为理解边际交易成本与边际污染控制成本如何影响均衡价格。可以进行如下的恒等变换：

$$\frac{\partial T\ (t_i)}{\partial r_i} = \frac{\partial T\ (t_i)}{\partial t_i} \times \frac{\partial t_i}{\partial r_i} \qquad 6.5$$

如果一个企业是配额的买入方，就有 $t_i = u_i - r_i - q_{0i}$，那么有：

$$\frac{\partial t_i}{\partial r_i} = -1，以及 \frac{\partial T\ (t_i)}{\partial r_i} = -\frac{\partial T\ (t_i)}{\partial t_i} \qquad 6.6$$

如果一个企业是净买入方，那么就有：

$$\frac{\partial t_i}{\partial r_i} = 1，以及\frac{\partial T\ (t_i)}{\partial r_i} = \frac{\partial T\ (t_i)}{\partial t_i} \qquad 6.7$$

将 6.6 与 6.7 代入 6.4 之中，可以看出，不同企业之间的边际成本就不可能相同。配额购入者的边际减排成本会大于配额卖出者。这说明，在存在交易成本的情况下，许多应该发生的交易没有发生，市场的资源配置作用无法充分发挥。如果配额的初始分配偏离最终市场交易的程度越大，那么整个市场运行所需要付出的交易成本也就越高，福利损失也越严重。

（3）市场主体能力

根据奥地利学派的市场理论，由于不确定性、错误判断、经济活动和信息的不完全性等因素，均衡只能被理解为在历史时间中不断调整的过程，是一种没有尽头的趋势。因此，市场是个人和企业不断获取信息、纠正错误和创造机遇的历时过程。在这个过程中，经济主体把握与应对市场的战略能力就显得极为必要。

　　在许多公共事业的管制方式从行政控制向市场化转变的过程中，习惯了按照行政命令行事的行为主体往往表现出不适应症，因为在此之前并不具备按照市场方式行事的知识。比如，在渔业捕捞权中发现，许多渔民觉得很难转变做法，他们已经习惯于捕捞能力限制等政策，甚至在很多捕捞权配额开展之后，仍然会觉得让市场来决定谁有权捕捞是错误的，在他们看来，市场是充满风险甚至威胁的，尤其是在交易体系运行早期价格波动较大的时候，更是如此（Newell et al., 2000）。这种影响是双重的，一方面，它导致市场交易难以活跃，有效的价格信号难以形成；另一方面，中小渔民的劣势更加明显，更加容易限于不利地位。

　　在一些排污权交易体系中，一些观察也发现，不少企业没有自动对市场价格作出反应并选择最佳的策略。排放权交易市场同样要求企业有更强的战略能力，甚至需要将排放控制目标纳入到企业发展整体战略之中，从而彻底打破企业特定的环境保护行为与市场运作之间的"绿色之墙"（Green wall）（Swift, 2005）。能力缺乏也导致企业对市场机制的适应是缓慢的，比如 RECLAIM 空气污染物排污权交易项目鼓励中间商交易的方式，1994 年，仅仅有 28% 的交易是通过中间商完成的。一直到了 2000 年左右，这种方式的高效性才得到充分认识，比例也相应提高到 75% 左右（Fowlie & Perloff, 2008）。

　　在企业自身缺乏相应的战略整合能力的情况下，管制部门若缺乏相应的技术、设备与市场运作相关知识方面的指引，企业可能难以适应排放权交易模式所创造的"自由"。尤其是中小企业，更是如此，它们往往不具备完善的管理体系，管理能力欠缺。因此，以中小企业为主组成的交易体系更难成功。

（4）市场势力

市场势力的存在被认为是导致资源环境产权交易市场中垄断定价和配额集中的主要原因。Hahn（1984）最早对资源环境产权交易市场中的势力问题进行了研究，简化模型如下。

假设配额交易体系有 n 个企业，其中 1 个企业拥有市场势力，其他均为价格接受者。管制部门所分配的配额总量为 L，企业 i 获得的配额是 Q_i^0。配额市场上，企业愿意支付的价格是 P_i，那么企业的目标函数是：

$$\min_Q C_i(Q_i) + P(Q_i - Q_i^0) \qquad 6.8$$

最优条件为：

$$C_i'(Q_i) + P = 0 \qquad 6.9$$

假设企业 1 拥有市场势，那么该企业的目标函数为：

$$\min_P C_1(Q_1) + P(Q_1 - Q_1^0) \qquad 6.10$$

满足：

$$Q_1 = L - \sum_{i=2}^m Q_i(P) \qquad 6.11$$

那么就有：

$$(-C_1' - P)\sum_{i=2}^m Q_i' + (L - \sum_{i=2}^m Q_i(P) - Q_1^0) = 0 \qquad 6.12$$

显然，只有垄断企业分配到的配额与其希望达到的排放一致的情况下，也就是当 $Q_1^0 = L - \sum_{i=2}^m Q_i(P)$ 时，市场才会不受市场势力的影响。这意味着，应该将拥有市场势力的企业清除出交易体系之外。否则，市场势力就会损害市场结果：如果垄断企业是净卖出方，它会卖出更少配额，使得配额价格上涨，从而获取超额利润。如果垄断企业是净买入方，它会通过策略性行为使得价格下跌。这两种情况下，交易体系的运行都会偏离最优均衡。

有研究者将该模型拓展到产品市场不完全竞争分析之后发现，如果一个企业同时在配额市场和产品市场上都拥有市场势力的话，就会通过囤积配额的方式来帮助企业在产品市场上获得超额利润（Misiolek & Elder，1989），主要机制是：通过增加配额市场需求或者减少供给，使得中小企业必须比市场完全竞争情况下要减排更多，单位生产成本增加，从而起到了打击中小型竞争对手的作用。因此，垄断企业有激励去维持过多的配额并希望保持一个高的配额价格，即使它在配额市场上是一个净买入方。研究认为，在美国酸雨计划等交易体系中，大型发电企业容易利用氮氧化物排污权交易的策略性定价来提高他们在电力市场上的优势（Kolstad & Wolak，2008）。

但是，也有一些交易体系，市场势力的作用并不明显。比如美国氟氯碳交易体系，杜邦和联合信号两家公司的排放量占据了75%，其中杜邦占据了49%，这无疑是市场势力极为明显的案例。虽然EPA也担心这会影响市场结果，但是并没有经验证据表明市场势力影响了市场运行及结果（Stavins & Hahn，2010）。

6.4 资源环境产权市场和政府干预

6.4.1 资源环境产权市场政府干预的争论

一种观点认为，在市场交易环节，管制部门应该主要以放权为主，尤其是要认识到产权交易方式与传统的命令与控制型政策方式的根本区别，避免对市场不必要的介入。艾乐曼（Ellerman，1999）认为，环境管制部门在排放交易中角色的变化是"革命性的"，那就是：管制者不再需要为企业或者个人决定它们最为合理的行为是什么，而是应该起到一个银行或者会计的角色，主要是跟踪排放与配额。在排放交易项目中，管制者应该将技术与合规策略的选择权尽量交给企业，因为企业最为了解自己的行为，管制者应该集中于排放的监测与核证，跟踪配额的转让，确保合规（Kruger，2005）。

恰如表6-4所示，许多交易体系之所以运行不好，原因可能在于过多的干预，或者由于管制部门能力不足造成的。因此，管制部门在考虑如何进行干预之前，首先需要思考的是如何"管好自己"。比如，EPA对美国在20世纪七八十年代开展的大量配额交易项目做了过于严格的限制，结果是增加了交易成本并产生了非常严重的不确定性，也限制了成本节约潜力的挖掘，使得这些交易体系根本没有产生有效的结果（Foster & Hahn，1995）。美国威斯康星州于1981年开展的福克斯河生物需氧量排污权交易中，三项不必要的交易限制导致整个交易体系难以活跃，它们是：要求买方说明其需要购入排污权的原因并得到管制部门批准，这个审批过程甚至长达半年；排污权只允许拥有5年，这就使得买方在买入排污权的时候变得异常谨慎；要求买入的排污权必须持有一年以上。由于这些限制，交易难以发生，使其成为史上最不成功的资源环境产权交易案例之一（Hahn，1989）。同样的，美国20世纪60年代到80年代推行的空气污染物排污权交易也是由于管制部门对交易的审批过于繁琐，导致企业之间的交易非常稀少。比如，在泡泡政策中，联邦层面的泡泡需要经过州、EPA区域办公室和EPA总部三层审批，程序繁琐且耗时长，吓退了交易者。相对而言，州层面的泡泡则只需州政府的审批，相对简单易行，交易也相对活跃一些。

应当认识到，管制部门充当一个市场交易"簿记员"的作用是远远不够的，资源环境产权交易的价格机制不会自动形成而可能需要政府进行培育。比如，通过搭建有效的信息平台，及时发布信息，使得供需双方能够花费较低的搜索成本就找到彼此，并降低市场中的合约成本、实施成本和其他成本。等等。

6.4.2 资源环境产权市场中的政府管制职能

理论研究和实践经验的表明，管制部门可在如下几个方面发挥积极的作用。

（1）建立信息传递机制

研究者认为，管制部门可以通过建立公共信息平台的方式来加速信息传递，或者通过设立交易所的形式来对交易进行规范，因为正式交易是一个释放价格信息的重要手段。在几乎所有大型的交易体系中，管制部门都会在官网上提供相关的交易信息，而最近几年发展起来的碳排放权交易体系，则往往会将交易委托给成熟的金融产品交易所。实验经济学证明了这些信息传递机制的重要性。Carson 等结合早罗德岛龙虾捕捞权交易的案例所建立的实验模型表明，利用两大重要机制能够使得交易体系的价格信号大为改善，价格波动与投机泡沫均有所减少。这两大机制为：第一，建立中心叫价市场或者集合竞价市场，也就是由管制部门建立统一的市场，并让所有的买方与卖方同时出价，他们认为这降低了价格信号的噪音程度；第二，引入一个租赁期，也就是在项目实施的第一年，只允许对捕捞权进行租赁而不允许出现永久性的买卖。早期租赁市场与中央叫价相互相成，前者使得参与者对捕捞权的价值有了基本的认识，而中央叫价则将这种估价转变为真实的价格信号。

（2）建立适当的价格引导机制

来自实验经济学的研究表明，政府通过适当的价格引导机制，可以帮助市场尽快形成合适的价格信号。加利福尼亚技术研究所的一个资源环境产权交易实验证明了一些巧妙的机制设计能够降低不确定性对企业的影响。实验分两个阶段进行：第一阶段，不存在存储机制，且存在外部冲击，参与者的报价行为极为混乱,导致了价格高度不稳定;第二阶段,管制部门设置了多个不同的合规期(如有些企业的合规时间在每年的 3 月,另外一些在每年的 9 月),实验结果显示,这种机制能够帮助企业对配额买卖进行更为合理的规划,从而降低了不确定性的冲击(Carlson & Sholtz, 1994)。

利用拍卖机制也是引导价格的很好方式。卡森和普洛特(Cason & Plott, 1996)所建立的一个包含了 12 期的实验对 EPA 酸雨计划的拍卖机制做了分析,研究的结论认为,EPA 的税收中性拍卖方式对引导价格与激励交易方面取得了很大的成效,但是它也导致出售方低估配额价值,导致市场价格过低。他们认为,如果采取单一价格拍卖方式,将能够更好地引导价格趋近均衡价格。

(3)降低市场的不确定性

一般认为,给予配额完全的存储机制能够降低交易主体在二级市场上的风险。另外,规则的明确性也是极为重要的,模糊的规则可能成为市场不确定性的来源。比如在美国的铅化物交易体系中,交易量不尽人意的主要原因是,管制部门对于铅减排证书的认定标准存在着模糊之处,导致企业并不知道自己所采取的减排行为是否能够获得相应证书,从而导致企业无法做出合理的市场决策。

(4)谨慎设计的交易限制机制

如果出于为了解决市场集中和其他社会经济后果的目的,适当的交易限制也是必要的。正如本章前面所指出的,水权交易、水质交易等项目,都必须通过对交易进行逐笔评估审核的方式才能使市场运行符合资源环境政策目标。但是,这些交易体系之所有能够在这种限制和管制之下仍然取得成功,关键在于管制部门尽量将交易体系规则化,这种做法使得所有参与者都形成了正确的预期，降低了不确定性。

有些交易体系为了限制市场势力，会对单个主体的配额持有量做出限制，但是这些限制性的政策有两大特点：一是事先规定；二是通过清晰的规则确定，因此并不会起到阻碍市场发育的不利作用。比如，新西兰规定，一般情况下，任何人不得拥有（不管是分配或通过转让或租赁或这些方法的综合）超过新西兰渔业水域内任一个配额渔业个人可转让配额总量的35%，不得拥有任一配额管理区域内任一配额渔业个人可转让配额总量的20%，而龙虾不得超过10%，对沿岸群体最大持有量也不得超过总配额的20%。除了这些条款之外，不再对交易进行多余的规定（陈怡真，2007）。

（5）适时根据市场运行情况进行制度调整

比如，欧盟委员会在2012年左右意识到，EU ETS低迷的碳价并非暂时性的波动，而是深层次经济问题所导致的配额发放总量与实际排放严重脱节所导致，为了扭转这种局面，欧盟委员会采取了大量措施加以应对。主要措施有：成功推动修改《拍卖条例》，把本应在2013—2015年拍卖的9亿配额延迟至2019—2020年拍卖，这缓减了碳市场短期内的供大于求问题。另外，欧盟委员会提出六项综合改革方案：将欧盟2020年的温室气体减排目标提高到30%；在第三交易阶段终止部分配额的使用；对减排目标的年度线性缩减系数进行早期修正；限制国际碳信用的使用；引入裁量性的价格管理机制等（陈慧珍，2014），这些对于稳定长期碳价预期起到了一定的积极作用。

6.5 小结

本章讨论了资源环境产权交易市场失灵与管制问题。主要结论是，在确权与分配环节之后，并不会自动出现一个完美的配额市场。相反，市场自身会经历一个形成与发展的过程，这个过程可能是漫长的，即使跨越了市场的发育期，仍然可能出现市场失灵。这就要求管制部门不能仅仅起到"守夜人"的角色，而必须进行一定的干预以"增进市场"。但是，错误的或者多余的干预则是有害的，它可能扼杀交易、窒息市场。

7 政策组合

资源环境产权交易体系并不是在真空中独立运行，而是与其他政策共同存在并可能产生相互影响。因此，政策组合变得极有必要。合理的政策组合可以产生叠加效应，但政策冲突和政策冗余也可能导致政策失效。本章在介绍政策组合一般理论的基础上，分析资源环境产权交易体系运行中的政策交互作用问题，并结合 EU ETS 案例，对政策组合的现实绩效进行分析。

7.1 政策组合理论

7.1.1 从最优政策到政策组合

传统的政策研究都是围绕单一政策工具的选择、设计与实施展开的。一些文献会讨论到不同政策之间的关系，但主要是为了进行政策比较，这是由于长期存在着"寻找单一最优政策"的研究取向所致的（Bennear & Stavins，2007）。揭示政策之间相互关系的术语，比如政策组合（policy mix）、政策约束（policy buddle）、政策交叉（policy interaction）、多重管制（multiple regulation）等词，一直到了 20 世纪 80 年代之后才在研究文献中增多。

传统的政策分析有三大主要特点：首先，主要从技术角度讨论政策工具选择问题，而很少去深入研究工具使用本身；其次，倾向于给政策选择定性，比如工具是"好的"还是"坏的"，一般情况下，支持市场的政策往往被视为是"好的"；最后，政策研究的目的在于帮助政府去选择普适的（one size fits all）最优政策。

这种思路认为单一政策就能够解决问题，因此往往反对政策组合，甚至认为将不同类型的政策结合起来加以应用是政策失灵的原因之一（彼得斯和冯尼斯潘，2003），因此，政策组合并不值得讨论：如果有一个最优的政策工具去实现环境目标，再引入其他政策就没有意义，而使用一组政策工具去实现同一个目标，在最好的情况下是画蛇添足，在最坏的情况下可能适得其反。

然而，随着对公共政策认识的深入，研究者意识到，寻找普适最优政策过于理想，尤其是当存在多重外部性、多重市场失灵等情况下，无论设计得多么完美的单一政策都无法实现最优。因为一个政策即使完美解决了某一方面的外部性，其他外部性仍然存在。由此，政策组合问题得到越来越多的重视，并认为需要在一个具有相互影响、共同运行的政策集合中去把握某一政策的运行及其结果。新的政策分析有如下的观点：

（1）不存在单一的最优政策。每一种政策工具都有自己的特征，没有一种政策能够在所有情况下都优于其它政策。政策实施结果不仅取决于政策本身，而且取决于实施环境。

（2）评价一个政策是否有效需要在其与相关政策的交互关系中开展。尤其是在相关政策较多的情况下，根本无法从一项政策本身的特征去判断它的优劣，而是需要同时考虑与相关政策之间的配合程度（Ganghof，2006；Chapman，2003；OECD，2007）。一些政策可能从其自身实施的角度来看没有任何问题，但是从政策组合的角度来看并不适宜（Gibson，1999；Graosky，1995；Trebilcock，Tuohy & Wolfson，1979；Tuohy & Wolfson，1978）。

（3）多重外部性问题要求进行政策组合。如果同时存在着多个阻碍帕累托最优结果取得的因素，那么必须同时针对这些约束采取多种政策，才可能是有效的。

政策组合又有广义和狭义之分。广义的或者说一般意义上的政策组合指的是为着实现相同目标而出台的系列政策，它们之间相互作用，比如财政政策与货币政策组合、节能政策与低碳政策组合等。狭义的政策组合指的是，为了取得一个预期政策目标，往往需要多种相互配套的工具进行组合运用。如排污税费税政策可能就涵盖了一个信息收集处理环节与税收征收两大工具等，两者相互支持。

政策组合又分为两种情况：一种是无意识的交互作用，即在一个政策被提出来或者应用于实践的前后，已经有相关政策存在，它们非有意组合，但在实施中相互影响。比如，大部分国家都会实施节能或者新能源政策，但同时又实施了碳减排的相关政策，或者针对水污染问题，水务和环保部门独立设计了针对性的政策；另外一种是有意识地组合设计，典型的是宏观经济政策中货币政策与财政政策的组合。

7.1.2 丁伯根法则

较早对多重政策的必要性和有效性进行论证的是经济学家丁伯根（Tinbergen，1952），他提出，有意识的政策组合是非常有意义的，政策工具的数量或控制变量数至少要等于目标变量的数量，而且这些政策工具必须是相互独立（线性无关）的。由于现实的公共问题往往具有多重性，因此必须采取多种政策相互配合的办法。该思想也被称之为"丁伯根法则（Tinbergen's Rule）"。

可以用一个简单的线性框架阐述丁伯根法则。假定存在两个政策目标 T_1 和 T_2 与两种政策工具 I_1 和 I_2,目标是实现 T_1 和 T_2 达到最佳水平的 T_1^* 和 T_2^*,目标是工具的线性函数,即:

$$T_1 = a_1 I_1 + a_2 I_2 \qquad\qquad 7.1$$

$$T_2 = b_1 I_1 + b_2 I_2 \qquad\qquad 7.2$$

只要决策者能够控制两种工具,每种工具对目标的影响是独立的,决策者就能通过政策工具的配合达到理想的目标水平。从数学上看,如果 $\frac{a_1}{b_1} = \frac{a_2}{b_2}$,即两个政策之间的关系是线性的,只需要采取其中一种政策就可以同时实现两个目标。只要 $\frac{a_1}{b_1} \neq \frac{a_2}{b_2}$,即政策工具之间线性无关,那么使用单一政策就无法同时实现两大目标,最优 T_1^* 和 T_2^* 所需的 I_1 和 I_2 水平是:

$$I_1 = (b_2 T_1^* - a_2 T_2^*) / (a_1 b_2 - b_1 a_2) \qquad\qquad 7.3$$

$$I_2 = (a_1 T_2^* - b_1 T_1^*) / (a_1 b_2 - b_1 a_2) \qquad\qquad 7.4$$

丁伯根法则很容易推演为:如果存在着 n 种不存在线性相关的问题,就需要 n 种政策加以解决。丁伯根法则被广泛应用于国际宏观经济学。20 世纪 60 年代,门德尔和弗莱明相继发表文章,在凯恩斯学派 IS-LM 模型的基础上加入 BP 曲线,即国际收支平衡线,将原模型扩展为开放经济条件下的经济模型。该模型的政策意义相当明显,用 IS 曲线代表财政政策,LM 曲线代表货币政策,BP 曲线代表汇率政策,通过曲线的移动即可分析出适宜的政策搭配。在资源环境领域,只要存在如下情况,也必须重视丁伯根法则。

(1)存在多重市场失灵。比如资源环境外部性与信息不对称、技术创新的外溢效应等问题并存;

(2)政策结果有多重影响。比如水权交易优化了水资源的优化配置,但同时可能影响到水环境;

（3）政策有多重目标。除了资源环境目标之外，政府干预如果希望同时能够减少对产业的冲击，可能就需要将资源环境政策与产业扶持、就业等方面的政策进行组合。

7.1.3　政策组合的多重均衡

现实中运用多个政策来解决同一问题的情况并不鲜见，关键在于如何识别不同政策工具之间的关系并进行合理的政策搭配。政策之间至少有四种关系：

（1）本质上是互补的；

（2）本质上是冲突的；

（3）如果按照一定顺序组合是互补的；

（4）组合结果取决于特定环境。（Gunningham & Sinclair，1998）

本质上冲突的政策所导致的后果是最为严重的。公共政策一旦发生冲突而未能得到及时化解，可能导致相关政策均失效。在两种相互矛盾的政策面前，目标群体就会感到左右为难，无所适从，政策应有的规范、指导作用难以发挥作用。

政策重叠也经常被讨论，主要有两种情况：一是双重管制，一个对象同时被两种或两种以上为着同一目的的政策所管制，这给管制对象带来不必要的负担；二是双重计算，即两种政策可能仅仅是对同样的问题采取了不同的角度进行处理，其对企业的行为改变上没有产生实质的价值，但是却要求企业对同一行为按照两套不同的体系和标准来计算（Boemare et al.，2003）。

因此，好的政策组合，应该充分考虑如下问题：

（1）充分利用好政策组合产生的协同效应，避免不同政策之间的冲突、重叠以及由此导致的混乱，甚至变成让管制对象无所适从的"政策大杂烩"（policy mass）（Sorrell et al.，2003）。要做到这一点并不容易，这就需要在政策分析和政策设计的时候，充分地对如下问题进行分析：每个工具的管制范围，包括覆盖的产业、设施和排放源；每个工具的政策目标，包括不同的责任要求与激励方式所产生的总体效果；工具的操作，那就是工具在哪种程度上彼此强化或者相互冲突；工具的实施，包括理性化、和谐化以及责任明确化；实施时机，包括政策所引起的直接反应以及政策影响的时间范围等。

（2）需要考虑某个政策实施是否会降低其他政策工具的灵活性。比如：一项利用市场机制的政策工具，如果与严格的技术和行为标准相互配套的话，就可能导致前者的灵活性无法发挥。

（3）考虑不同政策实施在时间上的组合问题。有些政策的共时组合并无效率，但是如果采取序贯组合方式，就非常有效。比如，可以通过设置一个环境标准门槛，在门槛之下使用税率。如果门槛被突破，就可以转而使用控制型政策，这样就可以充分利用税收政策所带来的激励作用，也能够避免税收政策无法实现污染总量控制的问题；又比如，可以对单个企业的排放设置一个限值，限值之下采取自我管制政策。一旦企业的排放超出该限值，就采取强力的管制措施（Oates & Baumol，1975）。

（4）注意政策工具与基础制度的契合性。有效的实施基本上取决于与既有制度安排的契合性（Knill & Lenschow，2000）。政策组合的研究也提醒我们注意广义上的制度，那就是不仅是直接相关的几个政策工具之间，而且是与更加广泛的制度之间的契合性。"如果随意制定一项法律，与现存的自发秩序不一致，该项法律至少不会受到重视，甚至更糟，使人们的动机扭曲，导致与立法初衷南辕北辙的后果"（Weingast，1995）。政策工具的选择是由一个国家决策者以及政策运行所在的环境约束共同作用下的结果（Bressers & O'Toole，1998）。

（5）部门协调也极为重要。尤其是考虑到在现实中，许多政策往往来自于不同部门，因此就出现类似于"九龙治水"的现象，比如市政、卫生和环境保护部门会同时对垃圾处理问题设计并实施政策。如果部门之间的目标函数并不一致，其非合作性的行为就可能导致政策结果对社会最优状态的偏离（Baron，1985）。

7.2 资源环境产权交易与政策组合

7.2.1 资源环境交易体系政策组合的原因

就资源环境产权交易而言，需要从如下几个方面考虑政策组合的必要性。

（1）资源环境外部性 + 市场势力

布坎南（Buchanan，1969）的研究分析了对垄断性企业征收庇古税的时候，虽然解决了外部性问题，但是由于其市场势力的作用及成本转嫁，导致了新的福利损失，甚至从垄断者的减排所获得的净收益可能并不足以补偿因为产量减少而导致的社会福利损失。在这种情况下，一方面通过庇古税，一方面对生产进行补贴，可能会减少福利损失。市场势力的存在对配额交易体系的市场绩效会带来很大的负面影响，因此，反垄断政策加上资源环境产权交易政策或许是一个可行的选择（Bennear & Stavins，2007）。

（2）资源环境外部性 + 技术外部性

从长期来看，资源节约和环境保护目标的取得依赖于科技创新和技术进步。但是技术进步本身也存在着溢出效应，也就是正外部性，这就导致资源环境技术发展问题会受到"双重外部性"的困扰。资源环境政策可能会促进技术进步,但其效果远远不足以弥补技术市场失灵,因此需要将一个资源环境的管制性政策与一个对创新具有很强支持的政策结合起来,以解决双重外部性问题。比如,将庇古税与研发补贴结合在一起,可以取得产出、排放与研发支出的最优平衡,其结果远远优于单一的庇古税(Katsoulacos & Xepapadeas, 1996)。全球气候变化等新问题都是需要技术创新才能解决,如果单一使用税收政策,会导致无效率,因为并不能够激励所有企业都尽可能采取技术减排的策略(Grubb et al., 1995)。因此,从动态的角度来说,任何仅仅针对资源使用和污染物排放控制的单项政策都可能是不够的。

(3)资源环境外部性+信息不对称

在信息不对称情况下,由于管制部门无法获取企业的资源使用或污染排放的信息,收费、排放标准以及补贴等政策都会大打折扣(Xepapadeas, 1989)。信息披露政策能够对政策执行起到补充作用。比如,如果希望对一种产品征收排污税,在没有信息公开政策的情况下,由于该产品在生产过程中所产生的污染物对于消费者而言是未知的,因此消费者不可能自行根据企业生产该产品的污染状况进行选择。税收必须能够完全反映污染的外部性,但是,如果要求企业将污染状况向消费者披露,那么消费者就会自动转向更为清洁的产品,对于排污税的要求就大大降低了。

并不直接针对信息的政策组合也能够使企业主动披露真实信息。比如补贴加上罚款的契约型政策(即对企业的节能减排行为进行补贴,与此同时,管制部门会对企业进行检查,如果发现企业造假,则实施巨额罚款),这种政策组合会大大降低企业造假几率。

如果企业不了解自身的资源使用或污染排放状况,一个强制性政策加上一个帮助企业发现自身信息的政策就有意义。比如，美国的能源部就在实施节能政策的同时，为中小企业提供免费的能源审计并帮助企业制定能源节约计划。这项政策取得了成功，有50%以上的计划都被企业接受并成功实施，因为企业从中获得了关于自身减排潜力和成本的知识，也就能够更为合理地完成相关节能政策目标。

（4）区域外部性（泄露）

资源环境的区域外部性或泄露（leakage）指的是，当一个国家或地区制定了较为严格的资源环境政策，可能导致高消耗、高污染企业向政策相对宽松的国家或地区转移，从而使得资源环境政策产生跨区域影响，泄露问题在地区之间的投资环境具有高度可替代性的情况下更为容易发生。有研究认为，EU ETS机制导致了"碳泄露"问题，即导致东欧没有加入碳交易体系的国家的产业排放了更多的温室气体，比如一些跨国电力企业会减少EU ETS覆盖区域的发电量而增加没有受到EU ETS管制区域电厂的发电量。

（5）资源环境产权交易的"市场失灵"

正如前一章分析的，与普通市场一样，资源环境产权市场也会出现失灵，这就需要辅助的机制加以解决。对此，罗伯特和斯宾塞（Roberts & Spence，1976）提出一种排污配额加排污费或补贴的政策来激励企业削减污染，基本思路是：管制部门发放一定数量的污染排放配额，市场交易形成配额价格，当污染者排污量超出其持有的配额限制时，管制部门对每单位污染征收排污费，当排污量小于配额限制时，则给予每单位未使用的配额以补贴，这就能够熨平价格，并使得企业有足够的激励进行减排。另外，碳税还作为总量控制下的配额交易体系的安全阀，即在碳价达到某一阈值时启用碳税政策，也能够起到熨平价格的作用（Ellerman，2004；Fell et al.，2008）。

7.2.2　资源环境产权交易中的政策组合情况

资源环境领域的政策组合极为普遍。比如在消费电子产品的能效问题上，大部分国家都存在着三种相互不同的机制：一种是生产端的能效标准，即要求所生产的产品必须达到特定的效率标准；一种是产品销售端的信息披露政策，要求产品张贴能效指引的标志，这些标志会告知消费者产品的能耗水平；一种是在用户端的激励性政策工具，包括自愿协议、财政补贴等方式，鼓励消费者能够尽量选择那些能效等级高的产品。在美国的有毒化学品管制中，至少存在着六种不同的政策工具：技术标准、信息披露要求、政府—产业合作伙伴、自愿协议项目和产业的自我管制项目。政策组合的效果往往都是正面的，比如对燃油征税的同时，对新款的更富燃油经济性的轿车予补贴，这样能够取得 71% 的庇古税效果，但是如果单单征税，只能取得 60% 的庇古税效果（Fullerton & West，2000）；如果对产品征收包装处理税，再对包装的合适处理方式予以一定的奖励，也优于单一税收政策（Fullerton & Kinnaman，1995）；美国的能效管制政策中，将公司平均燃油经济性标准这一技术标准政策与燃油税并行使用，比单独使用任一政策的效果都明显很多（Jaffe et al.，2005）。

资源环境产权交易与其他政策的组合情况也极为普遍。在渔业捕捞权交易，管制部门往往还会同时实施其他政策，包括：设立禁渔期、季节性的捕捞限制、渔网限制、使用费等。事实上，这些政策一直是渔业政策中的重要组成部分。在渔业捕捞权交易体系建立之后，只是将传统的捕捞限量由捕捞权交易方式替代，其他政策仍然是继续执行的。比如新西兰的渔业配额交易体系，在 1986 年引入可交易产权政策之后，依然在局部沿用了传统的管理手段，以与捕捞权配额制度相互支持。主要的政策包括：设立禁渔区，配额不可以应用于禁渔区；对特定渔场依然实施季节性管制，尤其是在繁殖期，配额也不能使用；另外，还有对鱼的品种的管制，比如，即使持有捕捞权配额，也不能捕捞长度小于 30 厘米的蓝鳟鱼；另外，还对许多渔船实施非常严格的捕捞能力限制，包括渔网的大小。新西兰除了对单个渔民或者渔业公司所持有的配额总量做出限制，也对国外渔民购买配额的情况做出限制。这些限制不但没有妨碍正常的配额交易体系运行，更使得两者相得益彰。

由于渔业捕捞权政策组合问题的广泛性，以至于如何针对渔业捕捞设计合适的政策组合成为一大理论热点。范德伯格（Van der Burg，2000）提出了一种 ITQ 与其它多种政策相结合的设计思路。即将 ITQ 对渔获物的税收与政府奖赏制度结合起来，由 ITQ 和税收来抑制超额捕捞，而由奖赏来补偿渔民的短期损失。具体的思路是：只要渔民捕捞量未超过配额，其所捕捞的部分按一定比例予以奖励，奖金的数额应当高到足以弥补税收使渔民收入减少的数额。但若超额捕捞，则得不到奖赏。这个方案在超额捕捞的渔获物的价值低于奖金的价值时，应当能够降低 ITQ 制度的监督成本，因为此时对渔民来说如实报告是划算的。但在超额捕捞的渔获物价值远远高于奖金价值而超额捕捞又能不被发现时，其有效性是值得怀疑的，因为此时瞒报更为划算。麦卡威（McGarvey，2003）也提出了在实施 ITQ 制度的同时，对不同捕捞现状的鱼类产品征收不同的水产税，过度捕捞严重者多征税，过度捕捞轻微者少征税；同时通过水产税来建立渔业专项基金，用以回购多余的船只，用于资源评估以及对留存渔船的补贴。

政策组合也在排污权交易中得到实践。美国 EPA 于 2005 年所开展的总悬浮物控制政策中，同时采用了配额交易与收费两种政策：EPA 允许企业自由交易排放权，但是必须对自己每吨排放支付 303 美元的"空气污染费"。另外，像美国的 RECLAIM 虽然是一个纯粹的排放权交易体系，但仍然以技术标准作为"后备政策"，即规定，如果二氧化硫排污权的交易价格超过了 1.5 万美元/吨的"阈值"，将终止排放权交易政策而以技术标准管制方式取而代之。在 2000 年，由于能源管理体系改革导致市场价格超出了该阈值，SCAQMD 不得不于 2000 年 10 月召开会议对交易规则进行重大修改，其中核心的变化是要求所有的电厂不能买入或者卖出 RECLAIM 配额，转而对电力部门应用"最佳可得技术"的手段加以管理。在澳大利亚的氟氯烃控制政策则采取相反方式的序贯组合：基本政策是让企业进行自我管制，但是如果无法完成控制目标，就会自动启动排放交易机制。

碳排放权交易体系的政策组合问题也极为普遍，这是由于大部分国家在建立碳排放权交易体系之前，都已经形成了成熟的能效、可再生能源等管制政策体系，这些政策与减少温室气体排放政策高度交叉，在实施中也会相互影响，比如 EU ETS（见表 7-1）。

表 7-1　政策组合中的 EU ETS

类型	英国	荷兰	德国	法国	希腊
碳税/能源税	√	√	√		
协商合约	√	√	√	√	
可再生能源发电政策	√	√	√	√	√
产业污染控制	√			√	√
碳交易	√	√	√	√	√
能效政策	√				

也有些交易体系是有意识地设计政策组合的，比如英国在加入 EU ETS 之前所试点开展的 UK ETS 机制是气候变化税、气候变化协议、碳排放权交易三大政策的组合，它们在运行中高度互补、相互支撑。具体的内容为：

（1）气候变化税

主要适用于工业、公共部门与农业，税率的确定主要是根据各个机构所使用的能源以及能源的种类来综合确定。比如，天然气与煤炭的税率是 0.15 便士/千瓦时，交通的 LPG 是 0.07 便士/千瓦时，电力是 0.43 便士/千瓦时。

（2）气候变化协议（CCA）

气候变化协议是一种企业单边减排承诺。基本的做法是，可以由行业协会代表整个行业与联邦环保署进行协商，来确定一个行业总体的定量化减排目标，来提高能源使用效率或者降低碳排放，再将这个行业总体目标分解到不同企业。这些行业可以获得前述气候变化税 80% 的折扣，但是必须履行特定的减排目标。如果出现违规情况，将会失去未来两年获得气候变化税折扣的机会。

（3）碳排放权交易

从 2002 年 4 月开始，最初设定的是 5 年时间，也就是将 2006 年设置为目标年，涵盖所有六种温室气体，用二氧化碳当量来进行衡量。该体系包括两类主要的参与者：直接参与者，任何行业、任何类型的机构都可以自愿申请成为该类型的参与者，参与者需要提出并签署一个"年度温室气体排放限制承诺"，并由环保署对其每年的合规情况进行监管。第二类是 CCA 参与者，也就是气候变化协议的管制对象，即可以在市场上购买配额以用作完成气候变化协议确定的减排目标；也可以出售超出协议规定的减排量。

7.3 政策组合与资源环境
产权交易体系的运行绩效

7.3.1 政策组合效率分析：以排污权和税收组合为例

拉赫曼（Lehmann, 2010）的模型详细阐述了资源环境产权交易体系与税收政策组合带来的多种结果。模型假设有两个部门共 n 个企业，部门 1 有 an 个企业，部门 2 有 $(1-\alpha)n$ 个企业，$0 \leq \alpha \leq 1$。假设每一个企业的排放为 e_i，减排的成本为 $c_i(e_i)$，企业的减排成本函数为：

$$c_i(e_i) = \frac{a}{2}e_i^2 - be_i + \frac{b^2}{2a}, \ e_i \in \left[0; \frac{b}{a}\right] \qquad 7.5$$

参数 a 与 b 都是正数。企业的边际减排成本为：

$$c_i'(e_i) = ae_i - b \qquad 7.6$$

那么企业最优的排放量为：

$$e_i = \frac{c_i'(e_i) + b}{a} \qquad 7.7$$

假设全部的排放量为 E，那么有：

$$E = an\frac{c_1'(e_1)}{a} + (1-\alpha)n\frac{c_2'(e_2) + b}{a} \qquad 7.8$$

管制部门为了控制污染排放同时采取两种措施，一种是总量控制下的配额交易政策，设置总量目标 $\overline{E}$，每个部门分配到的配额为 $\overline{a}_i$。假设市场是完全竞争的，均衡市场价格为 t，每个企业都无法影响价格；与此同时，对企业征税，税率为 τ_i，不同行业之间税率可能相同也可能不同。每一个部门的企业都希望最小化成本 k，那么有：

$$\min_e k = c_i(e_i) + t(e_i - \overline{a}_i) + \tau_i e_i \qquad 7.9$$

一阶最优结果为：

$$-c_i'(e_i^*) = t^* + \tau_i \qquad 7.10$$

如果将（6）代入（4），可以得到：

$$\overline{E} = an\frac{b-t^*-\tau_1}{a} + (1-\alpha)\,n\frac{b-t^*-\tau_2}{a} \qquad 7.11$$

对（7）进行调整，可以得到：

$$t^* = b - \frac{a}{n}\overline{E} - \alpha\tau_1 - (1-\alpha)\,\tau_2 \qquad 7.12$$

若只采取交易体系方式，也就是 $\tau_i = 0$ 的情况下，有 $t^{et} = b - \frac{a}{n}\overline{E}$。也就是说，征税会降低配额市场的价格。如果不同部门的税率相等，均为 τ，那么有 $t^* = t^{et} - \tau$。如果只对部门 1 征税，那么有 $t^* = t^{et} - \alpha\tau_1$。

将公示 7.7 与 7.8 代入 7.3，得到：

$$e_1^* = \frac{\overline{E}}{n} + \frac{(1-\alpha)(\tau_2-\tau_1)}{a} \qquad 7.13$$

$$e_2^* = \frac{\overline{E}}{n} + \frac{\alpha(\tau_1-\tau_2)}{a} \qquad 7.14$$

在税率为零，或者两个部门的税率相同的情况下，排放量为：

$$e_i^{ET} = \frac{\overline{E}}{n} \qquad 7.15$$

这说明，如果两个部门税率相同，那么企业的实际排放数量不会受到税收政策的影响。也就是说，政策组合与单一产权交易政策的减排效果是一样的。

如果两个部门之间的税收存在着差异，比如 $\tau_1 > \tau_2$，那么部门一将排放更多。产生的净损失为：

$$\Delta W = an\int_{e_1^*}^{e_1^{ET}}c_1'(e_1)de_1 + (1-\alpha)n\int_{e_2^*}^{e_2^{ET}}c_2'(e_2)de_2 \qquad 7.16$$

将 7.1、7.9、7.10、7.11 结合起来，可以得到，差别化税收造成的福利损失为：

$$\Delta W = \frac{\alpha(1-\alpha)\,n(\tau_1-\tau_2)^2}{2a} \qquad 7.17$$

可以得出：

结论 1：政策组合的福利损失取决于三个方面的因素：税收的差异化程度（$\tau_1 - \tau_2$）；边际减排曲线的斜率 a；企业数量 n 与不同产业的企业数量情况 α。

假设存在着排放税的情况。企业的最优减排策略是边际减排成本等于税率，即 $-c_i'(e_i^\tau = \tau_i$，企业的排放水平为：

$$e_i^\tau = \frac{b - \tau_i}{a} \qquad 7.18$$

那么在税收政策下，两个部门的排放总量为：

$$E^\tau = n\frac{b - \alpha\tau_1 - (1-\alpha)\tau_2}{a} \qquad 7.19$$

如果设置一个合理的 τ，可以取得与配额交易体系同样的结果，最优的税率水平为：

$$\tau^* = b - \frac{a}{n}E^\tau \qquad 7.20$$

将（15）与（16）结合起来，可以得出最优的税收水平为：

$$\tau^* = \alpha\tau_1 + (1-\alpha)\tau_2 \qquad 7.21$$

将（3）与（17）结合起来，可以得到：

$$e_i^\tau = \frac{b - \alpha\tau_1 - (1-\alpha)\tau_2}{a} \qquad 7.22$$

这时有：

$$\Delta W = \frac{\alpha(1-\alpha)n(\tau_1 - \tau_2)^2}{2a} \qquad 7.23$$

可以得出：

结论 2：给定线性的边际减排成本，差异化的税收所导致的福利损失与在配额交易下的损失是一样的。

结论 3：如果管制部门对企业的边际减排成本只有有限的知识，他应该故意多分配配额给那些税率较高的部门，并允许税率较低部门的企业能够从税率较高的部门买入配额。当然，这一点只有在税率较低的情况下才是有效的。

根据以上模型还可以延伸出如下方面的结论。

（1）在假设配额交易体系运行完美的前提下，希望通过其它税收来促进减排的思路并无意义。公式 7.11 说明了，在已经采取配额交易政策的情况下，再利用税收政策并不能帮助企业更多的投入减排。萨缪尔等（Samuel et al., 2010）以类似的方式证明了，提高税率只会带来碳价格的相应降低，如果单纯从减排的角度考虑，税收与配额交易政策只要二选一就够了，两个政策产生的效应会相互抵消。另外，补贴政策与配额交易的共时组合的效应同样会相互抵消。

（2）如果将两部门模型转变成为两国模型，也就是在国际性的排放贸易项目中，如果一个国家同时采取了税收政策，那么在各个国家税率相同的情况下，结果是政策冗余。而如果各国税率不同，就会导致各国产业减排收益与减排成本的不恒等。

（3）其他领域已经存在着税收扭曲的情况下，单一的排放权交易政策难以达到最优，设置差别化的碳税则可以修正外部扭曲。假设部门 1 与部门 2 之间原来就存在着税收扭曲 $\tau_1 - \tau_2$，那么通过设置差异化税率可以使得 $c_1{}'(e_1^*) = c_2{}'(e_2^*)$。许多研究者证明了，可以通过"税收循环"的方式来实现对既有税率扭曲情况的矫正。

除此之外，还有众多的理论探讨，其研究的结论基本类似，那就是：

（1）在资源环境产权交易体系完美运行且能够实现政策目标的情况下，多种政策交互作用是多余的；

（2）在政府多目标、存在外界干扰或者其他政策的扭曲、产权交易体系自身存在缺陷等情况下，多种政策如果搭配良好，可以起到积极的作用。

7.3.2 政策组合的实证研究：以 EU ETS 为例

EU ETS 与其他政策（尤其是节能和可再生能源发展政策）之间的关系问题是资源环境产权交易体系政策组合研究中非常重要的领域。这与欧盟委员会所提出的"三个 20%"政策目标有关。2001 年，欧盟委员会提出，要实现到 2020 年，温室气体排放量下降 20%，可再生能源比例提高到 20%，能源效率提高 20%。这三大目标是作为一个并行的战略提出来的，每一个战略都对应着一套政策工具。欧盟委员会认为它们都不可或缺，但是这些政策在实施过程就难免相互影响。

目前对 EU ETS 与其他政策之间关系的讨论主要分为三种关系：直接交叉，比如碳交易和碳税；间接交叉，比如能源税和 EU ETS；最后是交易体系的交叉，比如欧洲配额单位和节能证书、可再生能源证书之间的交叉。对 EU ETS 与能源政策关系的研究得出来的主要结论都是悲观的，那就是政策组合并无意义，决策部门应该集中精力去设计并实施好一种政策。碳交易和可再生能源证书交易体系同时运行会导致使用化石能源的排放源会在温室气体配额排放限制之下尽可能多地排放，不管可再生能源方面的激励是否存在（Morris, 2009; Pethig & Wittlich, 2009）。可再生能源证书会导致碳市场配额的过量供给，从而使得碳价降低，并且会导致电力价格降低。其机理是：由于可再生能源证书相当于给予了企业利用可再生能源的补贴，这就相当于降低了碳减排的成本，使得碳市场上供给曲线下移（Del Rio Gonzalez, 2007）。

但是，这些结论都是建立在两大前提之上的，那就是：首先，碳交易体系的运行是完美的；其次，碳减排目标和新能源、可再生能源目标是完全一致的。实际上，这两者在现实中并不成立，因此那些认为在实施 EU ETS 的同时就没有必要再实施新能源政策的结论并不正确（Kemfert & Diekmann，2009）。如果企业能够对可再生能源使用所带来的碳减排效应产生正面的预期，两个政策所产生的负面影响就会消失。而由于能源结构的改变和长期碳减排效率的提升都是 EU ETS 自身无法解决的，这就需要专门针对这些目标来制定政策（Johnstone，2002）。一些调研的结果也表明，EU ETS 和新能源政策在推动生物质燃料的发展上起到了互补作用，虽然政策之间有交叉和重复，但是企业普遍认为，政策组合是必要的而且是有效的。有些国家由于有意识地进行政策协调，取得了更好的结果。因此，关键的问题在于是否需要政策组合，以及如何进一步促进政策协调（Kautto et al.，2012）。

对 EU ETS 与碳税之间关系的讨论也引起了较多的争论。欧盟虽然建立了 EU ETS，但是一直在思考是否有必要再出台碳税政策。但是，如果在 EU ETS 的基础上再额外对企业征收 0～10 欧元的碳税，政策组合的结果是政策冗余，碳税政策会打压碳价、增加合规成本，但不会促进减排（Bohringer et al.，2008）。与此同时，额外征收碳税也起到了在成员国之间的"再分配效应"。由于碳价降低，那些配额的净出口国得益会减少，而净进口国的所需付出的成本也相应降低。但是，支持的观点认为，两种政策同时实施有如下三方面的好处：一是认为对于能源密集程度较高部门再征收碳税能够给予碳减排以额外的激励，从而有助于实现成员国各自的减排任务；二是碳税能够帮助 EU ETS 管制对象的减排成本增加到效率水平，因为在现实中，EU ETS 分配了过多的配额，由此导致合规所需付出的边际减排成本过低，这就需要额外的政策来推进；三是考虑到现实中的 EU ETS 分配是过于"慷慨"的，从而使得交易体系本身对碳减排的激励不够，有必要再实施碳税或者其他制度加以补充（Betz et al., 2004）。

可以说，当前，政策组合方面的实证研究已经是一个快速发展的研究领域。但是，即使是针对 EU ETS 的政策组合问题，目前不同研究的出发点、方法和结论都存在巨大的分歧。核心的分歧之处在于：一些实证研究是基于碳市场能够有效运行并且碳减排是唯一政策目标这一前提的，得出了政策冗余的结论；而另一些研究，则关注到能源目标与碳目标之间的非完全交叉性、碳市场自身存在着设计和运行上的缺陷等，就会认为如果找到政策协调的合适路子，能够起到政策互补作用。考虑到现实中的政策目标往往具有多重性而政策工具具有不完美实施的特点，利用政策组合是具有现实意义的，关键的问题在于如何找出能够产生有效组合的设计规则。

7.4　小结

本章提出，政策之间存在着多种交互关系，政策之间的相互影响对政策效果的影响是非常直接而明显的。如何有意识地去推动不同政策之间的契合性与互补性应该成为配额交易以及其他资源环境政策设计的一个重要方向。

资源环境产权交易与其他政策关系之间的交互关系更为复杂，因为交易体系允许企业根据价格信号做出灵活调整，任何一种政策都会影响到企业的边际成本与边际收益，使得企业行为对政策的反应更加敏感。对这一问题的研究虽然在针对 EU ETS 与其他碳减排政策、节能、可再生能源设计之间的政策组合问题取得了一定的进展，但尚未能够形成足够清晰的理论脉络，而对于如何进行有效的政策组合设计，也需要进行更多的经验归纳和梳理。

8 结论、启示和展望

8.1 主要研究结论

资源环境产权交易是一个人为设计的复杂交易体系，由于该政策所具有的成本收益性和灵活性，过去几十年间，在诸多领域得到了广泛的应用。与此同时，相关理论也取得了长足的进展。本书通过理论梳理和实证经验总结两条串联的脉络，对资源环境产权交易的理论发展、政策比较、确权与分配、信用交易体系的基准线和信用、合规机制、市场管理、政策组合等七大方面进行了全面的整理。

研究的核心结论是，资源环境产权交易并非简单地"把问题交给市场"，而是需要根据资源环境问题的特征决定是否选用该政策方式，并且需要进行一系列精心的制度设计，才能够带来满意的政策效果。资源环境产权交易并非万能药，错误的应用和不合理的机制设计都可能使其效果大打折扣，甚至导致政策失效。

理论的发展和实证经验的总结已经使我们能够全面把握资源环境产权交易体系，相比于科斯、司各特、戴尔斯建立的早期模型，资源环境产权研究已经发生了翻天覆地的变化，并带来全新的认识（见表8-1）。

表 8-1　资源环境产权交易的传统观点和现代观点

	传统观点	现代观点
政策比较	绝对的成本优势	各有优势 限定的适用范围
确权与分配	分配无关论 最优分配论	权利属性、总量设定分配方式和过程都将影响
合规	假定所有主体都是合规的	是否合规取决于成本—收益分析;需要精心设计监督和惩罚机制
市场运行	自动达到一般均衡	市场失灵普遍存在
政策组合	只分析真空中的单一政策运行	在政策交互中理解政策实施效果

按照本书对主要资源环境产权交易体系的分析,可以帮助我们对这一政策在各领域的实用性和设计、实施中所将遇到的问题有着更为深层的把握(见表8-2)。

表 8-2　重要资源环境产权交易的设计难点

交易体系	机制设计难点
水权交易	第三方效应;对水环境的潜在影响
捕捞权交易	渔业资源的季节性波动;市场集中和渔民失业
水质交易	污染热点;交易体系缺乏参与主体;交易比例的确定
空气污染物排污权交易	大企业主导的产业结构;分配过程严重的寻租行为
节能量交易	合格项目的确定;过大的项目节能量核算成本
碳排放权交易	全球气候谈判的不确定性;经济波动对碳排放量的影响

8.2　启示

资源环境产权交易是源于经济学模型推理提出的资源环境外部性解决方案。随着研究深入以及实践探索，人们对交易体系的制度构成、运作机理的认识逐渐深入。从政策设计的角度，形成了以下几点认识：

（1）资源环境产权交易体系的运行绩效会因为具体机制设计差异而导致完全不同的结果。

（2）良好的政策设计是政策绩效的保障，但是并不存在理论上的最优方案。

（3）政策是否有效由多个环节共同决定，一个环节的成功并不一定会带来政策本身的成功；但是某一个环节政策设计的失误肯定会导致政策的失败。

（4）政策设计必须考虑的是，资源环境产权是"嵌入"到一个国家和地区的制度环境之中，并且与其他资源环境政策共同发生作用，政策之间的相互影响可能会导致好的政策失效。因此，必须严肃对待政策组合问题。

（5）政策设计必须考虑现实中的各种影响力量，尤其是拥有市场势力、政治游说能力的集团，它们可能利用资源环境产权交易方式攫取额外的利益。而那些交易体系中的弱势群体，市场化机制可能使得他们的境况更趋恶化。

（6）为了适应一种新出台的政策，管制部门也必须对自己的角色定位做出调整。管制者必须意识到，它不再是管制对象高高在上的指导者，而应该转变为市场基本制度和规则的设计者和维护者，必须给予管制对象在选择合规方式上充分的自由度，否则市场机制难以发挥作用。

8.3 展望

资源环境产权交易研究是处于快速发展中的前沿课题，本书只能说是对基本的理论脉络、结论和案例进行了梗概式的介绍，无论是广度还是深度都还不够。在许多内容上，本书也只是提出了问题，并没有也无法提供详尽的解释。我们认为，在该领域的研究中，以下三个方面将是极为重要并值得深入研究的。

（1）如何建立更为完整的机制设计分析框架。机制设计理论是打通理论研究和实践应用的桥梁，资源环境产权各个领域的理论分析结论，结合机制的比较、设计等分析，可以为现实的政策制定提供坚实的基础。

（2）制度背景对资源环境产权交易的影响机理。尤其是在发展中国家，多样化的制度背景、文化特征、市场经济发育程度、环境与发展关系的特殊性等，影响到资源环境产权交易的运转，仍然需要大量的经验观察、案例积累和总结。

（3）交易体系运行的绩效评价。当前对交易体系的评价，大部分仍然处于案例收集和解释阶段，框架化、形式化的评价方法虽然已经有所发展但仍显粗浅，本书对这块内容的涉及也是严重不足的。绩效评价方法的进展，能够为评价和指导资源环境产权交易体系提供更为科学的依据。

参考文献

Ähman M, Burtraw D, Kruger J, et al. A Ten-Year Rule to guide the allocation of EU emission allowances [J]. Energy Policy, 2007, 35 (3): 1718−1730.

Alpay E, Kerkvliet J, Buccola S. Productivity growth and environmental regulation in Mexican and US food manufacturing [J]. American Journal of Agricultural Economics, 2002, 84(4): 887−901.

Alston J M. Consequences of deregulation in the Victorian egg industry [J]. Review of Marketing and Agricultural Economics, 1986, 54 (1): 33−43.

Agnew D J, Pearce J, Pramod G, et al. Estimating the worldwide extent of illegal fishing [J]. PloS one, 2009, 4 (2): e4570.

Anderson L G. A note on market power in ITQ fisheries [J]. Journal of Environmental Economics and Management, 1991, 21(3): 291−296.

Anderson C M. How institutions affect outcomes in laboratory tradable fishing allowance systems [J]. Agricultural and Resource Economics Review, 2004, 33 (2): 193−208.

Anderson C M, Sutinen J G. A laboratory assessment of tradable fishing allowances [J]. Marine Resource Economics, 2005, 23 (3): 1−23.

Arnason R. Minimum information management in fisheries [J]. Canadian Journal of economics, 1990, 23 (3): 630−653.

Anderson C M, Sutinen J G. A laboratory assessment of tradable fishing allowances [J]. Marine Resource Economics, 2005: 1−23.

Anger N, Böhringer C, Oberndorfer U. Public interest vs.interest groups: allowance allocation in the EU Emissions Trading Scheme [J]. ZEW-Centre for European Economic Research Discussion Paper, 2008, 08−023.

Arimura T H, Miyamoto T, Katayama H, et al. Japanese firms' p ractices for climate change: Emission trading schemes and other initiatives [J]. Sophia Economic Review, 2012, 57 (1−2): 31−54.

Arnason R. Conflicting uses of marine resources: can ITQs promote an efficient solution? [J]. Australian Journal of Agricultural and Re-source Economics, 2009, 53 (1): 145−174.

Ayres I, Braithwaite J. Responsive regulation: Transcending the de-regulation debate [M]. Offord: Oxford University Press, 1992.

Baldursson F M, Von der Fehr N H M.Price volatility and risk exposure: on market-based environmental policy instruments [J]. Journal of En-vironmental Economics and Management, 2004, 48 (1): 682−704.

Becker G S. Crime and punishment: An economic approach [M] // Essays in the Economics of Crime and Punishment. NBER, 1974: 1−54.

Ben-David S, Brookshire D S, Burness S, et al. Heterogeneity, irreve-rsible production choices, and efficiency in emission permit ma-rkets [J]. Journal of Environmental Economics and Management, 1999, 38 (2): 176−194.

Ben-David S, Brookshire D, Burness S, et al. Attitudes toward risk and compliance in emission permit markets [J]. Land Economics, 2000, 76 (4): 590−600.

Betz R, Eichhammer W, Schleich J. Designing national allocation plans for EU-emissions trading- a first analysis of the outcomes [J]. Energy & Environment, 2004, 15 (3): 375－426.

Bennear L S, Stavins R N. Second-best theory and the use of multiple policy instruments [J]. Environmental and Resource Economics, 2007, 37 (1): 111－129.

Bovenberg A, Goulder L H. Neutralizing the adverse industry impacts of CO₂ abatement policies: what does it cost? [M] //Behavioral and distributional effects of environmental policy. Chicago: University of Chicago Press, 2001: 45－90.

Böhringer C, Lange A. Economic Implications of Alternative Allocation Schemes for Emission Allowances [J]. The Scandinavian Journal of Economics, 2005, 107 (3): 563－581.

Böhringer C, Lange A. On the design of optimal grandfathering schemes for emission allowances [J]. European Economic Review, 2005, 49 (8): 2041－2055.

Boemare C, Quirion P, Sorrell S. The evolution of emissions trading in the EU: tensions between national trading schemes and the proposed EU directive [J]. Climate Policy, 2003, 3 (sup2): S105－S124.

Burby R J, May P J, Paterson R C. Improving compliance with regulations: Choices and outcomes for local government [J]. Journal of the American Planning Association, 1998, 64 (3): 324－334.

Chestnut L G, Mills D M. A fresh look at the benefits and costs of the US acid rain program [J]. Journal of Environmental Management, 2005, 77 (3): 252－266.

Cason T N, Plott C R. EPA's new emissions trading mechanism: A laboratory evaluation [J]. Journal of environmental economics and management, 1996, 30 (2): 133-160.

Cason T N, Gangadharan L. Transactions costs in tradable permit markets: An experimental study of pollution market designs [J]. Journal of Regulatory Economics, 2003, 23 (2): 145-165.

Crals E, Vereeck L. Taxes, tradable rights and transaction costs [J]. European journal of law and economics, 2005, 20 (2): 199-223.

Churchill R R, Lowe A V. The law of the sea[M]. Manchester Manchester University Press, 1999.

Coase R H. Problem of social cose [J]. Journal of Law and Economg. 1960, 3: 1.

Crocker T D. The structuring of atmospheric pollution control systems [M]. The Economics of Air Pollution. New York: W. W. Norton, 1966.

Cremer H, Gahvari F. Imperfect observability of emissions and second-best emission and output taxes [J]. Journal of Public Economics, 2002, 85 (3): 385-407.

Cronshaw M B, Kruse J B. An experimental analysis of emission permits with banking and the Clean Air Act Amendments of 1990[J]. Research in Experimental Economics, 1999, 7: 1-24.

Crals E, Vereeck L. Taxes, tradable rights and transaction costs [J]. European journal of law and economics, 2005, 20 (2): 199-223.

Dales, J. Pollution, Property and Prices [M]. Toronto: University Press, 1968.

Dasgupta P, Hammond P, Maskin E. The implementation of social choice rules: Some general results on incentive compatibility [J]. The Review of Economic Studies, 1979: 185-216.

Driesen D M. Is Emissions Trading an Economic Incentive Program: Replacing the Command and Control/Economic Incentive

Dichotomy [J]. Washing ton and Lee Law Review. 1998, 55: 289.

Dasgupta N. Greening small recycling firms: the case of leadsmelting units in Calcutta [J]. Environment and Urbanization, 1997, 9 (2): 289-306.

David P A. Path dependence, its critics and the quest for "historical economics" [J]. Evolution and path dependence in economic ideas: Past and present, 2001, 15: 40.

D Amato A, Valentini E. A note on international emissions trading with endogenous allowance choices [J]. Economics Bulletin, 2011, 31 (2): 1451-1462.

Downing P B, Watson W D. The economics of enforcing air pollution controls [J]. Journal of Environmental Economics and Management, 1974, 1 (3): 219-236.

Duggan J, Roberts J. Implementing the efficient allocation of pollution [J]. American Economic Review, 2002: 1070-1078.

Europe O. Europe's dirty secret: Why the EU Emissions Trading Scheme isn't working [J]. London: Open Europe, 2007.

Ellerman A D, Buchner B K. The European Union emissions trading scheme: origins, allocation, and early results [J]. Review of Environmental Economics and Policy, 2007, 1 (1): 66-87.

Ellerman A D. The next restructuring: environmental regulation [J]. The Energy Journal, 1999: 141-147.

Ellerman A D, Harrison Jr D. Emissions trading in the US: Experience, lessons, and considerations for greenhouse gases [J]. The Energy Journal. 2003, 72 (5): 665-692.

EU Commission. Green Paper on Greenhouse Gas Emissions Trading within the European Union COM (2000) 87 [J]. 2000.

Fankhauser S, Hepburn C. Designing carbon markets, Part II: Carbon markets in space [J]. Energy Policy, 2010, 38 (8): 4381-4387.

Farzin Y H, Kort P M. Pollution abatement investment when environmental regulation is uncertain [J]. Journal of Public Economic Theory, 2000, 2 (2): 183-212.

Fershtman C, de Zeeuw A. Tradeable emission permits in oligopoly [M]. Tilburg: Tilburg University, 1996.

Fowlie M, Perloff J M. Distributing pollution rights in cap-and-trade programs: are outcomes independent of allocation? [J]. Review of Economics and Statistics, 2013, 95 (5): 1640-1652.

Fischer C, Parry I W H, Pizer W A. Instrument choice for environmental protection when technological innovation is endogenous [J]. Journal of Environmental Economics and Management, 2003, 45 (3): 523-545.

Fullerton D, Metcalf G E. Environmental controls, scarcity rents, and pre-existing distortions [J]. Journal of public economics, 2001, 80 (2): 249-267.

Gangadharan L. Transaction costs in pollution markets: an empirical study [J]. Land Economics, 2000, 76 (4): 601-614.

Gunningham N, Sinclair D. Regulatory pluralism: Designing policy mixes for environmental protection [J]. Law & Policy, 1999, 21 (1): 49-76.

Goulder L H, Parry I W H. Instrument choice in environmental policy [J]. Review of Environmental Economics and Policy, 2008, 2 (2): 152-174.

Gray W B, Deily M E. Compliance and enforcement: Air pollution regulation in the US steel industry [J]. Journal of Environmental Economics and Management, 1996, 31 (1): 96-111.

Grubb M, Azar C, Persson U M. Allowance allocation in the European emissions trading system: a commentary [J]. Climate Policy, 2005, 5 (1): 127-136.

Grubb M, Ferrario F. False confidences: forecasting errors and emission caps in CO_2 trading systems[J].Climate Policy,2006,6(4):495-501.

Hahn R W, Axtell R L.Reevaluating the relationship between transferable property rights and command-and-control regulation [J]. Journal of Regulatory Economics, 1995, 8 (2): 125-148.

Hahn R W. The political economy of environmental regulation: Towards a unifying framework [J]. Public Choice, 1990, 65 (1): 21-47.

Hahn R W. Comparing environmental markets with standards [J]. Canadian Journal of Economics, 1993: 346-354.

Hahn R. Economics prescription for economic problems: how the patiant followed the doctor's orders [J]. Jounal of Economic Perspectives, 1989, 3: 252-262.

Hahn R W, Hester G L. Marketable permits: lessons for theory and practice [J]. Ecology LQ, 1989, 16: 361.

Hahn R W. Market power and transferable property rights [J]. The Quarterly Journal of Economics, 1984: 753-765.

Harrington W. Enforcement leverage when penalties are restricted [J]. Journal of Public Economics, 1988, 37 (1): 29-53.

Hart G R. Southern Company's BUBA strategy in the SO_2 allowance market [J]. Emissions Trading, 2000: 204-208.

Hahn R W, Stavins R N. Economic incentives for environmental protection: integrating theory and practice [J]. The American Economic Review, 1992: 464-468.

Hazlett T W, Ibarguen G, Leighton W. Property rights to radio spectrum in Guatemala and El Salvador: an experiment in liberalization [J]. Review of Law & Economics, 2007, 3 (2): 437–484.

Helm C. International emissions trading with endogenous allowance choices[J].Journal of Public Economics,2003,87(12):2737–2747.

Jones C A, Scotchmer S. The social cost of uniform regulatory standards in a hierarchical government [J]. Journal of environmental economics and management, 1990, 19 (1): 61–72.

Joskow P L, Schmalensee R. The Political Economy of Market-Based Environmental Policy: the US Acid Rain Program 1 [J]. The journal of law and economics, 1998, 41 (1): 37–84.

Joskow P L, Schmalensee R, Bailey E M. Auction design and the market for sulfur dioxide emissions [R]. National Bureau of Economic Research, 1996.

Joskow P L, Schmalensee R. The Political Economy of Market-Based Environmental Policy: the US Acid Rain Program 1 [J]. The journal of law and economics, 1998, 41 (1): 37–84.

Joskow P, Kahn E. A quantitative analysis of pricing behavior in California's wholesale electricity market during summer 2000 [C] //Power Engineering Society Summer Meeting, 2001. IEEE, 2001, 1: 392–394.

Kruger J. Companies and regulators in emissions trading programs [M] //Emissions Trading. Springer New York, 2008: 3–20.

Kautto N, Arasto A, Sijm J, et al. Interaction of the EU ETS and national climate policy instruments　Impact on biomass use [J]. biomass and bioenergy, 2012, 38: 117–127.

Kolstad J, Wolak F. Using emission permits prices to rise electricity prices: Evidence from the California electricity market [J]. Harvard University, 2008.

Kruger J. Companies and regulators in emissions trading programs [M] // Emissions Trading. Springer New York, 2008: 3−20.

Katsoulacos Y, Xepapadeas A. Environmental innovation, spillovers and optimal policy rules [M]. Beerlin: Springer Netherlands, 1996.

Knill C, Lenschow A. Implementing EU environmental policy: new directions and old problems [M]. Manchester: Manchester University Press, 2000.

Keeler A G. Noncompliant firms in transferable discharge permit markets: Some extensions [J]. Journal of Environmental Economics and Management, 1991, 21 (2): 180−189.

Kemfert C, Diekmann J. Emissions Trading and Promotion of Renewable Energy: We Need Both[J].Weekly Report,2009,5(14):95−100.

Kettner C, Köppl A, Schleicher S P, et al. Stringency and distribution in the EU Emissions Trading Scheme: first evidence [J]. Climate Policy, 2008, 8 (1): 41−61.

Kling C L, Zhao J. On the long-run efficiency of auctioned vs.free permits [J]. Economics Letters, 2000, 69 (2): 235−238.

Kemp R, Pontoglio S. The innovation effects of environmental policy instruments—A typical case of the blind men and the elephant? [J]. Ecological Economics, 2011, 72: 28−36.

Livernois J, McKenna C J. Truth or consequences: enforcing pollution standards with self-reporting [J]. Journal of Public Economics, 1999, 71 (3): 415−440.

Lehmann P. Combining emissions trading and emissions taxes in a multi-objective world [R]. UFZ-Diskussionspapiere, 2010.

Magat W A, Viscusi W K. Effectiveness of the EPA's regulatory enforcement: The case of industrial effluent standards [J]. Journal of Law and Economics, 1990, 32 (2): 331–360.

MacKenzie I A, Ohndorf M. Cap-and-trade, taxes, and distributional conflict [J]. Journal of Environmental Economics and Management, 2012, 63 (1): 51–65.

Misiolek W S, Elder H W. Exclusionary manipulation of markets for pollution rights [J]. Journal of Environmental Economics and Management, 1989, 16 (2): 156–166.

Mintz J A. Enforcement at the EPA: High stakes and hard choices [M]. Austin: University of Texas Press, 2012.

McMillan J. Selling Spectrum Rights [J]. The Journal of Economic Perspectives, 1998, 8 (3): 145–162.

McLean B J. Evolution of marketable permits: the US experience with sulphur dioxide allowance trading [J]. International Journal of Environment and Pollution, 1997, 8 (1–2): 19–36.

McAllister L K. Beyond playing" banker": The role of the regulatory agency in emissions trading [J]. Administrative Law Review, 2007, 59 (2): 269–313.

Montero J P. Voluntary compliance with market-based environmental policy: Evidence from the US Acid Rain Program [J]. Journal of Political Economy, 1999, 107 (5): 998–1033.

Moloney D G, Pearse P H. Quantitative rights as an instrument for regulating commercial fisheries [J]. Journal of the Fisheries Board of Canada, 1979, 36 (7): 859–866.

Monni S, Syri S, Pipatti R, et al. Comparison of uncertainty in different emission trading schemes [C] //Proceedings of the workshop uncertainty in greenhouse gas inventories: Verification, compliance & trading. 2004: 106−115.

Malik A S. Impact of Environmental Regulations on the Textile Sector of Pakistan [C] //Country Paper Prepared for Expert Meeting on Environmental Requirements and International Trade. 2002.

Moledina A A, Coggins J S, Polasky S, et al. Dynamic environmental policy with strategic firms: prices versus quantities [J]. Journal of Environmental Economics and Management, 2003, 45(2): 356−376.

Montgomery W D. Markets in licenses and efficient pollution control programs [J]. Journal of economic theory, 1972, 5 (3): 395−418.

Nash J R. Allocation and Uncertainty: Strategic Responses to Environmental Grandfathering [J]. Ecology Law Quarterly, 2009, 36(4).

Newell R G, Sanchirico J N, Kerr S. Fishing quota markets [J]. Journal of Environmental Economics and Management, 2005, 49 (3): 437−462.

Neuhoff K, Ferrario F, Grubb M, et al. Emission projections 2008—2012 versus national allocation plans II [J]. Climate Policy, 2006, 6 (4): 395−410.

Nordhaus W D. A review of the" Stern review on the economics of climate change" [J]. Journal of economic literature, 2007: 686−702.

Ostrom E, Schroeder L, Wynne S. Institutional incentives and sustainable development: infrastructure policies in perspective[M]. Boulder Co: Westview Press, 1993.

Rogge K S, Schneider M, Hoffmann V H. The innovation impact of the EU Emission Trading System—Findings of company case studies in the German power sector [J]. Ecological Economics, 2011, 70 (3): 513−523.

Rousseau S. Selecting environmental policy instruments in the presence of incomplete compliance[D].Katholieke Universiteit, Faculteit Economische en Toegepaste Economische Wetenschappen, 2005.

Selman M, Greenhalgh S, Branosky E, et al. Water quality trading programs: An international overview [J]. WRI Issue Brief, 2009, 1: 1−15.

Salamon L M, Lund M S. Beyond privatization: The tools of government action [M]. Wathington P. C.: The Urban Insitute, 1989.

Scandizzo P L, Knudsen O K. Risk management and regulation compliance with tradable permits under dynamic uncertainty [J]. European Journal of Law and Economics, 2012, 33 (1): 127−157.

Schleich J, Rogge K, Betz R. Incentives for energy efficiency in the EU Emissions Trading Scheme [J]. Energy Efficiency, 2009, 2 (1): 37−67.

Schubert U, Zerlauth A. Innovative regional environmental policy-the RECLAIM-emission trading policy [J]. Environmental Management and Health, 1999, 10 (3): 130−143.

Schmalensee R, Joskow P L, Ellerman A D, et al. An interim evaluation of sulfur dioxide emissions trading [J]. The Journal of Economic Perspectives, 1998: 53−68.

Scholz J T, Cooperation, Detemance and the Ecology of Regulatory Enforcement [J]. Law and Social Review, 1984, 179: 184.

Selman M, Greenhalgh S, Branosky E, et al. Water quality trading programs: An international overview [J]. WRI Issue Brief, 2009, 1: 1−15.

Solomon B D. New directions in emissions trading: the potential contribution of new institutional economics [J]. Ecological Economics,

1999, 30（3）: 371-387.

Sovacool B K. The policy challenges of tradable credits: A critical review of eight markets [J]. Energy Policy, 2011, 39（2）: 575-585.

Stavins R N. Transaction costs and tradeable permits [J]. Journal of environmental economics and management, 1995, 29（2）: 133-148.

Stranlund J K, Dhanda K K. Endogenous monitoring and enforcement of a transferable emissions permit system[J].Journal of Environmental Economics and Management, 1999, 38（3）: 267-282.

Stranlund J K, Chavez C A, Field B C. Enforcing Emissions Trading Programs [J]. Policy Studies Journal, 2002, 30（3）: 343-361.

Swift B. Allowance Trading and Potential Hot Spots-Good News from the Acid Rain Program [J]. Environment Reporter, 2000, 31（19）: 354-359.

Swift B. US emissions trading: myths, realities, and opportunities [J]. Natarl Resources and Envirioment, 2005, 20: 3.

Tinbergen J. On the theory of economic policy [J]. Contributions to economic analysis. 1952（1）.

Tripp J T B, Dudek D J. Institutional guidelines for designing successful transferable rights programs [J]. Yale J.on Reg., 1989, 6: 369.

Younis T. Implementation in public policy [M]. Publishing Partmouth: Partmouth Compang Dartmouth Pub Co, 1990.

Van Horn A, Remedios E. A comparison of three cap-and-trade market designs and incentives for new technologies to reduce greenhouse gases [J]. The Electricity Journal, 2008, 21（2）: 51-62.

Vesterdal M, Svendsen G T. How should greenhouse gas permits be allocated in the EU? [J]. Energy Policy, 2004, 32（8）: 961-968.

Van Long N, Soubeyran A. Cost manipulation games in oligopoly, with costs of manipulating [J]. International Economic Review, 2001, 42 (2): 505-533.

Van Horn A, Remedios E. A comparison of three cap-and-trade market designs and incentives for new technologies to reduce greenhouse gases [J]. The Electricity Journal, 2008, 21 (2): 51-62.

Vatn A. Transaction costs and multifunctionality [C]//OECD Workshop on multifunctionality, Paris. 2001, 2 (3.7).

Voigt S., Engerer H.. Institutions and Transition. -Possible Policy Implications of the New Institutional Economics[M].In:K.Zimmermann (ed.): Frontiers in Economics, Berlin, Springer. 2002.

Weingast B R. The political foundations of democracy and the rule of the law [J]. American political science review, 1997, 91 (2): 245-263.

Weitzman M L. Prices vs.quantities [J]. The review of economic studies, 1974, 41 (4): 477-491.

Warren K A, Ortolano L, Rozelle S. Pollution prevention incentives and responses in Chinese firms [J]. Environmental Impact Assessment Review, 1999, 19 (5): 521-540.

Williamson O E. Markets and hierarchies: antitrust analysis and implications [J]. New York: The Free Pres, 1975.

Woodside K. Policy instruments and the study of public policy [J]. Canadian Journal of Political Science, 1986, 19 (4): 775-794.

Zerlauth A, Schubert U. Air quality management systems in urban regions: an analysis of RECLAIM in Los Angeles and its transferability to Vienna [J]. Cities, 1999, 16 (4): 269-283.

安新代,殷会娟. 国内外水权交易现状及黄河水权转换特点 [J]. 中国水利, 2007 (19): 35-37.

陈振明. 公共管理学：转轨时期我国政府管理的理论与实践

［M］. 北京：中国人民大学出版社，1999.

崔建远. 准物权研究［M］. 北京：法律出版社，2012.

崔先维. 政策网络中政策工具的选择：问题，对策及启示［D］. 吉林大学，2007.

陈虹. 世界水权制度与水交易市场［J］. 社会科学论坛，2012，1：015.

菲吕博滕，里希特，建强，等. 新制度经济学：一个交易费用分析范式［M］. 上海：上海人民出版社，2006.

黄文君，田莎莎，王慧. 美国的排污权交易：从第一代到第三代的考察［J］. 环境经济，2013（7）：32-39.

胡春东. 排污权交易的基本法律问题研究. 环境法系列专题研究［C］. 北京：科学出版社，2005.

布雷塞斯，霍尼赫. 政策效果解释的比较方法［J］. 国际社会科学杂志：中文版，1987，4（2）：124-124.

贾明秀. 新西兰配额管理制度研究［D］. 中国海洋大学，2007.

布鲁斯，米切尔. 资源与环境管理［J］. 北京：商务印书馆，2004.

康娇丽. 绿色证书交易下发电厂商的市场势力及其影响研究［D］. 华北电力大学，2014.

吕永龙，梁丹. 环境政策对环境技术创新的影响［J］. 环境污染治理技术与设备，2003，4（7）：89-94.

林坦，宁俊飞. 基于零和DEA模型的欧盟国家碳排放权分配效率研究［J］. 数量经济技术经济研究，2011，28（3）：36-50.

刘新山. 渔业行政管理学［M］. 北京：海洋出版社，2010.

刘伟，张辉. 中国经济增长中的产业结构变迁和技术进步［J］. 经济研究，2008，11（4）：15.

刘得宽. 日尔曼法上之占有—Gewere. 载刘得宽. 民法诸问题与新展望［C］. 北京：中国政法大学出版社，2002.

李佳慧.美国排污权交易的两步走,中国环境报.2014-11-06.

理查德·伊利. 土地经济管理［M］. 北京：商务印书馆，1982.

盖伊·彼得斯、冯尼斯潘编. 公共政策工具——对公共管理工具的评价［M］. 北京：中国人民大学出版社，2007.

戈登·塔洛克. 公共选择：戈登·塔洛克论文集. 北京：商务印书馆. 2011.

哈耶克. 自由宪章. 北京：中国社会科学出版社，1999.

哈耶克. 个人主义与经济秩序［M］. 上海：三联书店，2003.

杰弗里·M·霍奇逊. 演化与制度·论演化经济学和经济学的演化［M］. 北京：中国人民大学出版社，2007.

孟伟. 流域水污染物总量控制技术与示范［M］. 北京：中国环境科学出版社，2008.

马尔科姆·卢瑟福. 经济学中的制度［M］. 北京：中国社会科学出版社，1999.

马丁，阿兰德，潘咏平. 秘鲁鳀渔业个别渔船配额制度管理模式［J］. 中国渔业经济，2009（6）：166-172.

青木昌彦. 比较制度分析［M］. 上海：上海远东出版社，2001.

青木昌彦.东亚经济发展中政府作用的新诠释：市场增进论［J］. 经济社会体制比较，1996（6）：48-57.

任东明，谢旭轩. 构建可再生能源绿色证书交易系统的国际经验［J］. 中国能源，2013，35（9）：12-15.

沈满洪. 水权交易制度研究：中国的案例分析［M］. 杭州：浙江大学出版社，2006.

史娇蓉，廖振良. 欧盟可交易白色证书机制的发展及启示［J］. 环境科学与管理，2011，36（9）：11-16.

托马斯，思德纳. 环境与自然资源管理的政策工具［J］. 2005年（35-37），2005.

吴悦颖等. 水污染物排放交易［M］. 北京：中国环境科学出版社，2013.

王传良. 排污权的准物权制度化研究［D］. 西安建筑科技大学，2011.

王廷惠. 微观规制理论研究［M］. 北京：中国社会科学出版社，2005.

王金南. 排污收费理论学［M］. 北京：中国环境科学出版社，1997.

杨龙，王晓燕，孟庆义. 美国 TMDL 计划的研究现状及其发展趋势［J］. 环境科学与技术，2008，31（9）：72-76.

西斯蒙第. 政治经济学新原理［M］. 北京：商务印书馆，1964.

韦森. 社会制序的经济分析导论［M］. 上海：上海三联书店，2001.

约翰，穆勒. 政治经济学原理（上）［M］. 北京：商务印书馆，1991.

李晶，宋守度，姜斌. 水权与水价——国外经验研究与中国改革方向探讨［J］. 2003.

詹姆斯·E·安德森. 公共决策［M］. 北京：华夏出版社：1990.

约瑟夫·E·斯蒂格利茨. 社会主义向何处去：经济体制转型的理论与证据［M］. 长春：吉林人民出版社，2011.

张五常. 佃农理论［M］. 北京：中信出版社，2010.

庄庆达，陈诗璋. 美国推动阿拉斯加"小区发展配额"之剖述［J］. 渔业推广. 1999（4）：40-44.

附　录

网站资料

http：//www.env.go.jp/en/

http：//www.aqmd.gov/reclaim/reclaim.html

http：//ec.europa.eu/clima/policies/ets/index_en.htm

http：//ec.europa.eu/environment/docum/0087_en.htm

www.epa.gov

http：//www.epa.gov/airmarkets/progsregs/arp/

http：//www.greenhousegas.nsw.gov.au/documents/syn59.asp

http：//www.decc.gov.uk/en/content/cms/emissions/eu_ets/eu_ets.aspx

http：//www.defra.gov.uk/

http：//www.eea.europa.eu/

http：//www.chicagoclimatex.com

http：//greenhousegas.nsw.gov.au

部分名词解释

Acid Rain Rrogram：酸雨计划

A distribution network service provider：配电网络供应商

ACCC：Australian Competition and Consumer Commission，澳

大利亚竞争和消费者委员会

BTU：British Thermal Unit，英国热量单位，1 BTU 相当于是磅水温度升高 1 华氏度所需热量

CCA：Climate Change Agreements，英国气候变化协议项目

CDM：Clean Development Mechanism，清洁发展机制

CER：Certified Emissions Reduction，核证减排量

CEMS：Continuous Emission Monitoring System，连续排放监测系统

DECC：Department of Energy and Climate Change，英国能源与气候变化部

DEFRA：Department for Environment, Food and Rural Affairs，英国环境、食品与农村事务部

Tinbergen's Rule：丁伯根法则

EPA：Environmental Protection Agency，美国联邦环保部

EB：Executive Board，联合国清洁发展机制执行理事会

EUC：Europe Union Committee，欧盟委员会

EUA：Europe Union Allowance，欧盟配额，欧盟碳交易体系的基本单位

EEA：European Environmental Agency，欧洲环境署

EU ETS：EU Emissions Trading Scheme，欧盟碳排放权交易项目

ESAA：澳大利亚供电协会

EA：Envirionmental Agency，英国环保署

ESS：Energy Savings Scheme，节能项目

IPART：Independent Pricing and Regulatory Tribunal，独立的第三方定价与管理委员会，在新南威尔士州碳排放交易项目开始之后，负责管理与监管工作

Individual quota（IQ）个体配额

Individual fishery quotas（IFQ）：单个捕捞权配额

Individual tradable quota（ITQ）：可交易的个体配额

JI：Joint Implementation，联合履约机制

JV ETS：Japan Vonlantary Emission Trading Scheme，日本自愿碳交易体系

MSY：maximum sustainable yield，最高持续产量

NBP：Northeast NOX Budget Trading Program，美国东北部NOX预算交易计划

NECA：National Electricity Code Administrator，国家电力市场规则管理委员会，负责制定电力市场规则。

NEM：National electricity market，"国家电力市场"，1996年澳大利亚电力市场体制改革之后，形成了全国统一的电力市场。

MRET：强制型可更新能源目标模式。

NEMMCO：National Electricity Market Management Company，国家电力市场管理公司，在撤销之前一直负责澳大利亚电力市场运行的监督管理工作。

NAO：National Audit Office，英国国家审计署

NAP：National Allocation Plan，EU ETS的国家分配计划

NECA：National Electricity Code of Australia，澳大利亚国家电力法案

OECD：Organization for Economic Co-operation and Development，经济合作与发展组织，简称经合组织

ORER：the office of the renewable energy regulator，可再生能源办公室，负责管理可再生能源项目的政府机构

OSY：Optimum Sustainable Yield，最适应持续产量

RECs：Renewable Energy Certificates，可再生能源证书，指

通过可再生能源项目创造的减排证书。

RECLAIM：REgional CLean Air Incentives Market，加利福尼亚南岸空气质量控制区所开展的二氧化硫与氮氧化物排放权交易项目

SCAQMD：South Coast Air Quality Management District，加利福尼亚南岸空气质量控制区

UNFCCC：United Nations Framework Convention on Climate Change，联合国气候变化框架公约

VMS：Vessel Monitoring Systems，渔船监控系统

Water Bank：水银行